W0349362

Landschaft, Raum und der Mensch als einfühlsamer Gestalter sind Thema dieses Bildbandes. Wohl nichts hat die japanische Gartenkunst mehr beeinflußt als die uralte Liebe der Japaner zu ihrer Landschaft. Das erste Farbfoto dieses Bandes zeigt eines der drei schönsten Naturpanoramen Japans: die föhrenbestandenen Inseln der Matsushima-Bucht bei Shiogama an der Nordostküste. In alter Zeit – im Zuge einer Verschiebung der Besitzverhältnisse – begannen japanische Adlige von der Hauptstadt Kyoto aus lange Reisen zu unternehmen, um nach ihren Ländereien im Hinterland zu sehen. Viele kamen so zum erstenmal aus ihrer engeren Heimat heraus, und staunend standen sie vor den Schönheiten des Archipels, dessen Küsten und Gewässer sie bereisten. Die Matsushima-Bucht – von Dichtern oft besungen – zählte dabei zu den Lieblingspanoramen. Minamoto no Toru, kaiserlicher ›Minister zur Linken‹ im 9. Jahrhundert, bewunderte sie so sehr, daß er sie auf seinem Stadtgrundstück in Kyoto nachzubilden suchte: mit einem Teich, Steinen, Pflanzungen. Der Garten des Ministers existiert nicht mehr, aber der Impuls, die Naturlandschaft auf kleinem Raum nachzugestalten, bildet immer noch

DIE

einen maßgeblichen Ausgangspunkt japanischer Gartenkunst. ● Naturverbundenheit: das hat zu tun mit Anerkennung des Reichtums der Natur, Verehrung der ihr innewohnenden Kräfte. Die allerersten ›Gärten‹ in Japan, angelegt von einfachen Menschen, die ihren Lebensunterhalt der Natur abringen mußten, waren vielleicht nur gerodete Waldlichtungen, abgegrenzt und bedeckt mit weißem Kies, auf denen die Baum- und Berggötter *(kami)* sich manifestieren konnten. Eine höherentwickelte Form dieser geheiligten Zone erscheint auf dem zweiten Farbbild. Es ist der Takihara-Schrein, 40 Kilometer südwestlich des den kaiserlichen Ahnengöttern gewidmeten größeren Ise-Schreins. Er wird, wie der Ise-Schrein, alle 20 Jahre abgerissen und auf einem angrenzenden Stück Land neu errichtet. Eine Säule des alten Schreins verbleibt in der leeren Zone, bis 20 Jahre später der neue Schrein wiederum abgebrochen wird und der Kreislauf von vorn beginnt. Die offene Fläche und die Neubauzeremonie symbolisieren Reinheit und die Kräfte der Erneuerung: beides wesentliche Teile des japanischen Naturverständnisses, das sich dadurch von christlicher und buddhistischer Kosmologie unterscheidet. ● Wenn nun Götter die Natur beseelen, dann

Text von **Teiji Itoh**

GÄ

ist die ganze Welt ein Garten. Vielleicht kann nur diese ganzheitliche Sicht das nächste Bild erklären: eine Szene an der Oberen Villa des Sommerpalastes Shugakuin, ein Garten, angelegt von Exkaiser Gomizuno-o im 17. Jahrhundert. Der großflächige »Teich des badenden Drachens« ist künstlich, das gegenüberliegende Ufer ist als Damm angelegt. Im Hintergrund sieht man die Berge nördlich und westlich von Kyoto. Verbindendes Element zwischen Garten und Hintergrund ist hier der weitgespannte Himmel: Mit seinem Wolkenspiel ist er in den Garten einbezogen wie der Teich. Oft sagt man, der japanische Garten ziele auf Miniaturisierung, aber hier ist es umgekehrt – ein Versuch, den Garten auf geradezu kosmische Dimensionen auszudehnen. ● Shugakuins spektakuläre Pracht repräsentiert das eine Extrem der japanischen Tradition. Die nächsten Bilder zeigen intimere Naturgestaltung. Im Ritsurin-Park (Shikoku, Südjapan) leiten drei gerundete Steinblöcke den Blick unaufdringlich in den Teich hinein zum anderen Ufer mit der schöngeschwungenen Brücke. Der Garten, 1744 fertiggestellt, gehörte der Feudalherren-Sippe Matsudaira, ehe er

DuMont Buchverlag Köln

RTEN

in öffentliche Hand überging. Obwohl großdimensioniert angelegt – die Matsudairas waren sehr mächtig –, besitzt der Garten auch im Detail große Anmut und ist ein beliebter Ort zum Spazierengehen, mit zahlreichen Teichen, Wegen, einem historisch bedeutenden Pavillon und Ausblicken auf die umliegenden Berge. ● Es folgt eine Wegpflasterung (Paviment) am Sommerpalast Katsura. Katsura ist ein Haus-Garten-Komplex in Kyoto, ursprünglich Sommervilla der Hachijo-Prinzen, entstanden etwa gleichzeitig mit Shugakuin. Wo Shugakuin den Raum ›zu Häupten‹ einbezieht, ist in Katsura (ungeachtet der ebenfalls schönen Fernblicke) vor allem der Raum ›zu Füßen‹ interessant. Der Garten weist bewundernswert vielgestaltige Wegpflasterungen auf, teils so schwierig zu begehen, daß man nicht wagt, den Blick schweifen zu lassen; die Detaillierung – wie hier gezeigt – verblüfft durch ihre Komplexität. Für manche Kritiker ist Katsura deshalb schon zu intellektuell, zu unruhig. ● Wandelgärten wie Ritsurin und Katsura sind zum Flanieren angelegt, sie erschließen sich erst im Gehen. Aussichten öffnen sich und verschwinden wieder, und besaß der Gartenkünstler einen Hang zum Spielerischen, so steckt der Garten voll Spannung und Überraschungen. Man biegt um eine Ecke, und plötzlich bietet sich ein herrlicher Ausblick über einen Teich oder auf einen rotblättrigen Ahorn. Andere Gärten – besonders die aus der Tradition der Zen-Meditation entstandenen – wollen aus sitzender, ruhender Stellung betrachtet werden. Dazu zählt der Tempelgarten Entsu-ji in Nord-Kyoto (nächstes Bild). Er ist ein hervorragendes Beispiel für die Technik der ›geborgten Landschaft‹ und die gestalterischen Illusionen japanischer

JAP

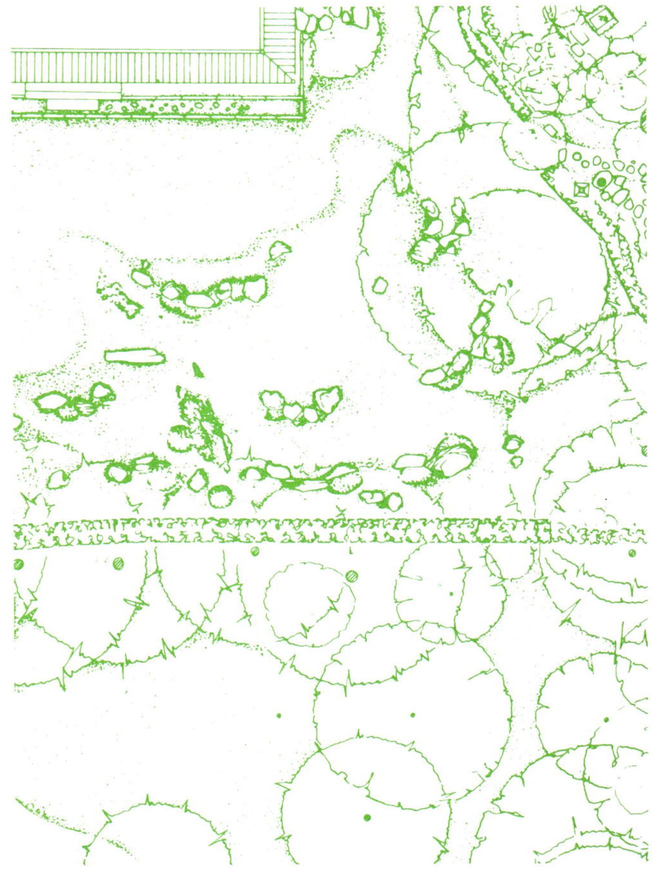

Gartenkunst. In der Ferne erhebt sich der Berg Hiei: Die Steine und Pflanzungen des Vordergrundes bilden einen so kunstvollen Kontrast zu ihm, daß er noch stärker in den Garten ›eingebunden‹ scheint als selbst die Hecke und die Baumstämme, die ihn im Mittelgrund rahmen. Es gibt neuerdings Pläne, hier in der Nähe ein Hotelhochhaus zu errichten, das diese Komposition zerstören würde. Der Tempel Entsu-ji hat Protest erhoben: Der Garten ließe sich zwar versetzen, aber der Berg nicht, und nach so vielen Jahrhunderten sind beide eine untrennbare Symbiose eingegangen. ● Das nächste Bild illustriert wieder einen Rahmungseffekt, diesmal durch die Holzsäulen eines Hauses. Der Garten gehört zum Tempel Sambo-in südöstlich von Kyoto. Begonnen wurde er 1598 unter dem mächtigen Heerführer und Kriegsherrn Hideyoshi, der seine Fertigstellung nicht mehr erlebte. Sein Stil gilt nach japanischen Maßstäben schon als ›barock‹, die üppigen Steinarrangements als schon reichlich opulent. Der traditionelle japanische Tempelbau besitzt breite Verandas und Schiebewände zum Öffnen, Integration von Innen- und Außenraum: ein Baustil, der wahrscheinlich durch die heißfeuchten japanischen Sommer entstanden ist und in der Folge zu hoher ästhetischer Verfeinerung gelangte. Viele japanische Gärten – wie Sambo-in – beginnen buchstäblich in den Häusern. Oder umgekehrt: Das Haus beginnt im Garten. ● Beispiel für eine solch gegenseitige Durchdringung: die Residenz* Hayashiya (nächstes Bild) in der alten Burgstadt Kanazawa an der Nordküste. Die

ANS

klassische Holzveranda ist hier ersetzt durch einen Erdkorridor mit Pflanzungen, Moos und Trittsteinen. Praktischer Anlaß zu dieser Konstruktion war wieder das Klima. In Kanazawa gibt es schneereiche Winter. In den äußeren Rahmen können Winterwände eingeschoben werden, die das Haus vom Garten trennen, den grünen Flur aber mit ins Innere hineinnehmen, als eine Art Wintergarten für die Familie. ● Im nächsten Bild zieht der Garten ganz ins Haus ein. Im engen Innenhof der Residenz* Kuwata in Hiroshima hat Gartenschöpfer Shigemori Mirei ein kleines Universum

* Der Begriff ›Residenz‹ bedeutet in diesem Buch Privathaus mit Garten [Übers.].

INHALT

errichtet. Geharkter weißer Kies erinnert an das Meer, massive Steinblöcke ragen daraus hervor wie bewaldete Berge. Diesem Garten ist so starke Bewegung eigen, daß zur Beruhigung des Rhythmus, wie ein glättender Baßton, eine lange behauene Steinsäule waagerecht in den Vordergrund plaziert wurde. Sie imitiert bewußt die Linie der Veranda und lenkt durch diese Technik die Kräfte des Gartens direkt in das Haus ab. Eine Komposition wie diese kann überwältigende Wirkung haben, sie berührt Geist und Seele. 1957 errichtet, stellt dieser Mikrokosmos den Gipfel einer langen gartenkünstlerischen Tradition dar, die darauf abzielt, zur Kontemplation der Welt und des Wesens des Lebens

anzuregen. ● Die Farbtafel auf Seite 24 zeigt den Furumine-Schrein in der Präfektur Ibaragi nördlich von Tokyo. Hier ist es das Bauwerk, das ›klein‹ wirkt, umgeben von Wald-Urwüchsigkeit. Innerhalb der Lehmziegelmauer, die den Bau (genannt Minematsu-an) umgibt, liegt ein ausgedehnter gepflegter Garten mit einer Fülle von Steinsetzungen, Laternen, Wasserbecken und herrlichem grünem Moosbewuchs. Innere und äußere Zone werden durch die Mauer getrennt, gleichzeitig aber auch verklammert durch den aufragenden Zypressenwald. Gestalter Iwaki Sentaro sagt, er habe diesen Garten angelegt, um die Schönheit der Natur hervorzuheben. Hätte er dann die Natur nicht einfach lassen können, wie sie war? Das Panorama der Matsushima-Bucht (gegenüberliegende Seite) wird von den Japanern seit Jahrhunderten bewundert, aber die Naturlandschaft als solche hatte für sie nie denselben Reiz wie die Nachbildung einer Landschaft auf kleinem Raum im Garten. Wie die frühen Japaner gereinigte Zonen aus weißem Kies schufen, um die Naturgötter zu empfangen, so schafft der japanische Gärtner eine Art Zwischen- oder Mittlerzone, in welcher der Mensch (durch die Gestaltung des Raums) und die Natur (durch die Werkstoffe) ineinanderwirken. Die Frage ist berechtigt, ob ein Garten in der Wildnis auch dann existiert, wenn niemand da ist, der ihn sieht.

Die Deutsche Bibliothek–CIP-Einheitsaufnahme

Itō, Teiji:
Die Gärten Japans / Teiji Itoh. [Übers. aus d. Amerikan. von Dieter Kuhaupt].
- Köln: DuMont, 1999.
Einheitssacht.: The gardens of Japan <dt.>
ISBN 3-7701-8536-6

© 1984 by Kodansha International, Tokyo

Alle Rechte vorbehalten, German translation rights arranged with Kondasha International Ltd. through Japan Foreign-Rights Centre
© 1985 der deutschen Ausgabe: DuMont Buchverlag, Köln

Titel der Amerikanischen Ausgabe: The Gardens of Japan

Druck und buchbinderische Verarbeitung: Neue Stalling, Oldenburg

Printed in Germany ISBN 3-7701-8536-6

Übersetzung aus dem Amerikanischen von Dieter Kuhaupt

Ursprüngliche Fassung in japanischer Sprache

Abgesehen von der Titelseite sind alle Namen nach japanischem Usus angegeben: zunächst der Familienname, dann der Vorname.

URSPRÜNGE JAPANISCHER GARTENKUNST

Bodenständige Urformen des japanischen Gartens muß es in archaischer Zeit gegeben haben. Schließen läßt es sich daraus, daß man bereits zu Anbeginn der japanischen Geschichte ein Wort für Garten kannte – *niwa*. Es hat sich neben dem sino-japanischen Begriff *teien* bis heute gehalten. Damit ist auch schon die Wechselwirkung angesprochen, die für den japanischen Garten in der Folgezeit bestimmend wurde: die Interaktion zwischen dem einheimischen *niwa* und importierten chinesischen und buddhistischen Kulturelementen. Ausgangspunkt dieser Studie soll sein, wie ›getreu‹ die Japaner die entliehenen gartenkünstlerischen Ideen übernommen und den eigenen anverwandelt haben.

Mit wenigen Ausnahmen waren diese Übernahmen alles andere als direkt und buchstäblich. In Palastvorgärten des 5. und 6. Jahrhunderts – als die Yamato-Clanältesten erstmals eine Art Reichseinheit in Japan begründeten – fanden sich bestimmte Formen von Steinskulpturen, einige davon haben sich bis heute erhalten. In der Gegend von Asuka und Nara etwa existieren von damals noch Steinbrunnen und männliche und weibliche Figuren in Umarmungspose. Diese Plastiken erscheinen sehr ›fremd‹, sie können kaum auf japanischem Kulturboden gewachsen sein; wahrscheinlich sind sie von Einwanderern aus Korea als direkter Kultur-Import mitgebracht worden. Man fand nicht lange Gefallen an ihnen, und solche direkten Anleihen hörten bald auf.

Im 8. und 9. Jahrhundert begann nun eine spezifisch japanische Miß- bzw. Umdeutung importierter Gartenkultur, und zwar durch bewußte oder unbewußte Negierung der philosophischen Grundlagen, auf denen sie beruhte. Negativ gesehen könnte man dies als Weigerung deuten, sich mit dem Wesen der fremden Kultureinflüsse zu befassen; positiv als einen Weg zur Wahrung eigener Identität.

Ein Musterbeispiel für dieses Umdeuten bildet das Denken und Wirken von Tachibana no Toshitsuna (Mitte des 11. Jahrhunderts). Toshitsuna war Halbbruder des Regenten und kaiserlichen Hauptberaters Fujiwara no Yorimichi (990–1074); mütterlicherseits durch »zu niedriggeborene« Verwandtschaft an einer politischen Karriere gehindert, machte er sich in der Kultur einen Namen, vor allem als Gartenschöpfer. Sein Buch *Sakutei-ki* – der älteste japanische Text über Gartenkunst – enthält eine bezeichnende Passage über *Fengshui*, die aus China importierte geomantische Philosophie. Das *Fengshui* – wörtlich: Wind und Wasser – legte komplizierte Regeln für räumliche Gestaltung fest: auf der Basis von Richtungen, die

Brunnenfigur mit nicht-japanischen Gesichtern, gefunden bei Nara. Wahrscheinlich 7. Jahrhundert

Teichpavillons, kaiserlicher Sommerpalast Chengde, Nordchina

jeweils eigene Charakteristiken und Einflüsse auf den Menschen hatten. Das System soll im 6. Jahrhundert nach Japan gekommen sein. Es muß die Japaner schockiert haben – bisher hatten sie in der Raumgestaltung nur in den Begriffen ›innen‹ und ›außen‹ gedacht. Nie wäre ihnen eingefallen, die kosmische Ur-Ordnung ins Korsett eines künstlichen, von Menschen erdachten Systems zu zwängen, wie es das *Fengshui* tut; aus ihrer animistischen Weltsicht muß ihnen dieses System ganz abwegig erschienen sein.

Fengshui gibt bestimmte Kriterien an für die beste Plazierung von Palästen, Residenzen, Friedhöfen. Tachibana no Toshitsuna nennt sie im Text: »Geomantisch«, schreibt er, »muß der beste Platz im Osten einen Fluß, im Süden einen Teich, im Westen eine Straße und im Norden einen Hügel aufweisen, weil diese Dinge gewissen göttlichen Kreaturen entsprechen. Der Fluß entspricht einem blauen Drachen, der Teich einem roten Vogel, die Straße einem weißen Tiger und der Hügel einer schwarzen Schildkröte.« Kreaturen, die als Glücksbringer galten, die Gesundheit und langes Leben zu schenken vermochten. Bis hierher deckt sich Toshitsunas Erklärung mit dem chinesischen Original, aber er weicht bald davon ab. Sei nämlich ein solcher Platz nicht zu finden, schreibt er, könne man den Fluß durch neun Weiden, den Teich durch neun Judasbäume, die Straße durch sieben Ahornbäume und den Hügel durch drei Zypressen ersetzen.

Die japanische Interpretation, bei der Bäume an die Stelle der ursprünglichen *Fengshui*-Elemente treten, bedeutet, daß jetzt der Platz für Paläste, Residenzen und Friedhöfe beliebig wählbar ist. Das chinesische System ist bis zur Unkenntlichkeit verändert. Wahrscheinlich hat der altjapanische Glaube, daß Götter in Bäumen wohnen, zu dieser Verschiebung oder ›Umdeutung auf japanisch‹ beigetragen, die es den Japanern erlaubte, unter Assimilierung fremden Kulturgutes eine ureigene Gartenkunst zu schaffen. Toshitsuna und geistesverwandte Denker und Gestalter erarbeiteten eine Philosophie, die sich nur äußerlich an *Fengshui* orientierte, inhaltlich aber ganz davon abwich.

Manchmal kommen kulturelle Einflüsse durch das Schwert; manchmal durch friedliche Anleihe bei höherstehenden Kulturen. Beides war in Japan der Fall. Der japanische Archipel, letzte Landschwelle Asiens vor dem Pazifik, bildete eine Art Endstation für kulturelle Einflüsse, die vom Kontinent nach Osten strömten. Im

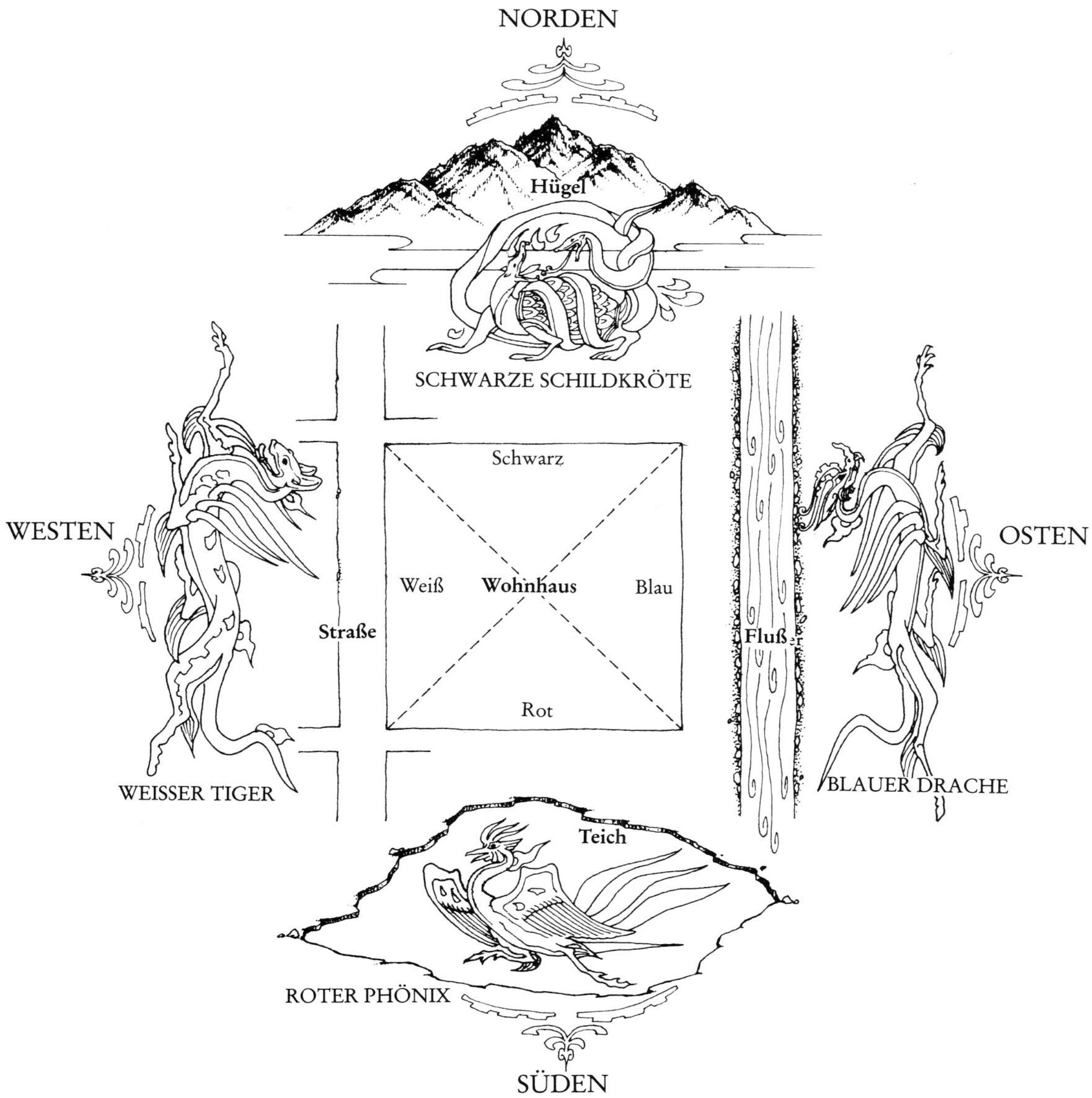

Plan einer chinesischen Wohnanlage nach *Fengshui*-Modell

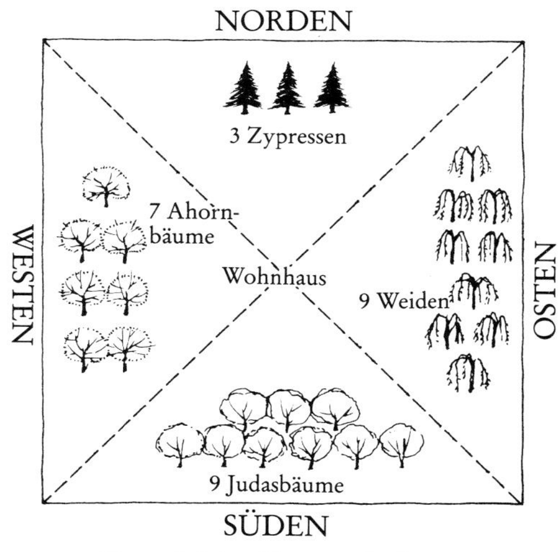

Der gleiche Plan nach dem ›japanisierten‹ *Fengshui*

6. Jahrhundert wurde politische Einigung unter einer festen Zentralgewalt nötig, wollte sich Japan vor fremder Bedrohung schützen; gleichzeitig war das – noch unterentwickelte – Land gezwungen, sich von höherentwickelten Festlandkulturen anregen zu lassen. Taoismus und Buddhismus, die von China über Korea nach Japan kamen, haben die japanische Gartenkunst mitgeprägt, aber wir müssen bedenken, daß zwischen Fremdem und Bodenständigem eine Wechselwirkung bestand: Das fremde Ideengut hat einheimische Gartenformen nicht verdrängt.

Gab es einerseits keine starke Abwehrreaktion gegen Ideen-Import, ließ andererseits die einheimische Tradition aber auch keine Zeichen erkennen, eine neue, geschlossene, eklektische Gartenform auszubilden. Welchen Weg schlugen japanische Gartenschöpfer und -philosophen ein? Wie gesagt: den Weg der Fehldeutung – fremdes, umgedeutetes Ideengut ließen sie Seite an Seite mit einheimischen primitiven Gartenformen bestehen.

Manchmal war es der künstlerischen Konzentration halber bei der Gartengestaltung wesentlich, eine Formquelle zu finden. Auch hier ging Japan, wie im folgenden veranschaulicht, den Weg der Umdeutung. Zwischen 794 und 1333 (Heian- und Kamakura-Zeit) entstanden häufig sogenannte Paradiesgärten im Stil des ›Reinen Landes‹, irdische Manifestationen des Sukhavati, des westlich gelegenen Paradieses des Buddha Amitabha (in Japan heißt er Amida). In Gunst standen diese Gärten beim Kaiser und seiner Gemahlin, beim Adel, dessen Bedeutung bereits zurückging, und bei der aristokratischen Kriegerkaste, deren blutiges Handwerk jeden Tag todbringend sein konnte. Den Gipfel der Popularität erreichten sie im 11. und 12. Jahrhundert, als Erdbeben, Krieg und Hungersnot alle Zukunftsaussichten verdüsterten. Unfähig, politisch und wirtschaftlich wirksame Maßnahmen zu treffen, flüchtete sich der Adel (nominell immer noch die herrschende Klasse) in die buddhistischen

Phönix-Halle, Byodo-in, Uji

Paradiesgärten, in eine anderswo nicht mehr vorhandene Beständigkeit und Beschaulichkeit. Gefördert wurde solcher Eskapismus wahrscheinlich noch durch den verbreiteten Glauben, im Jahr 1051 beginne die ›Endzeit des Gesetzes‹ (oder Mappo-Ära), die von Buddha Shakyamuni (Shaka) vorhergesagte Zerstörung des Buddhismus.

Bei seiner Villa in Uji nahe der Hauptstadt Kyoto baute der große kaiserliche Ratgeber Fujiwara no Yorimichi einen solchen Garten im Stil des ›Reinen Landes‹. So berühmt war seine Pracht und Schönheit, daß Zeitgenossen behaupteten: Wer das Paradies schauen will, muß zum Tempel in Uji kommen. Heute heißt der Garten Byodo-in. Seine Hauptsehenswürdigkeit ist die sogenannte Phönix-Halle.

Strikt religiös gesprochen, ist das ›Reine Land im Westen‹ ein Ort, zu dem die gläubigen Toten vom Buddha Amida persönlich hingeführt werden, begleitet von fürstlich gewandeten Bodhisattvas, die auf vielfarbenen Wolken sitzen und Himmelsmusik spielen. Freilich: Bei aller religiösen Verwurzelung sind die von Adligen wie Fujiwara no Yorimichi auf japanischem Boden angelegten Paradiesgärten letztlich ein Versuch, ein *irdisches* Paradies zu schaffen, wo *Menschen* ästhetischen Bestrebungen nachgehen können. Umdeutung eines Grundgedankens mithin, wie Tachibana no Toshitsunas Ersatz der *Fengshui*-Elemente durch Bäume.

Bei Schaffung dieser Gärten war ein Modell vonnöten, weil kein Lebender das Paradies aus Anschauung kennt. Man fand das Modell in den Mandala-Kultbildern, auf denen esoterische Buddhistensekten Wahrheiten des Universums, andere Buddhistensekten das Westliche Paradies des Amida darstellten. Manche dieser Sakralbilder sind recht groß; oft sind sie auf Papier oder Seide gemalt, in Rollenform

Seikai-Mandala (Ausschnitt)

genießen sie religiöse Verehrung. Das sogenannte Seikai-Mandala (996) zeigt auffallende Ähnlichkeit mit Plan und Anlage des Byodo-in-Gartens.

Das farbenfrohe Seikai-Mandala ist benannt nach dem buddhistischen Priester Seikai (?–1017), einem Zeitgenossen Fujiwara no Michinagas (966–1027), des Vaters von Fujiwara no Yorimichi; es zählt zu den drei Spitzenleistungen des Genres in Japan. Neben Buddha Amida selbst zeigt das Bild: einen zweistöckigen Turm; Nebengebäude rechts und links, mit dem Turm durch gebogene Brücken verbunden; eine Insel mit Pfauen; einen reinen, kühlen Teich aus den ›Sieben Kostbaren Substanzen‹ mit Lotusblüten; eine Bühne mit zwei tanzenden Knaben; schließlich Bodhisattvas auf Wolken in der Luft. Im Byodo-in sind davon heute nur noch eine Version des Turmes in Gestalt der Phönix-Halle (Hoodo), die ein vergoldetes Großstandbild des Amida enthält, und der Lotusteich verblieben. Abends, wenn die Touristen gegangen sind und die Lampen leuchten, sieht man die Goldstatue durch die offenen Portale schimmern; das Spiegelbild des Gebäudes im stillen Teich vermag heute noch eine Ahnung davon zu vermitteln, wie die Paradiesgärten der Vergangenheit ausgesehen haben müssen.

Wieder ist hier, wenn nicht radikale Umdeutung, so doch beträchtliche interpretatorische Freiheit zum Tragen gekommen. Das Seikai-Mandala kann für die Gestaltung des Byodo-in nur als lose Ideenquelle gedient haben, denn die Herrlichkeiten des Gemäldes exakt nachzubilden, war unmöglich. Yorimichi verwirklichte im Byodo-in eigene Wünsche und Vorstellungen. Das Ideelle, Religiöse war für ihn nur Mittel zur Verfolgung seiner Zwecke: Wiedergeburt im Paradies nach dem Tod und Erschaffung einer ›diesseitigen‹ Welt als ästhetische Bühne.

Shishinden, Kaiserpalast Kyoto

LEERER RAUM UND WEISSER KIES

Die Hauptgebäude des Kaiserpalastes in Kyoto sind die große Staatshalle Shishinden und die Residenz- und Banketthalle Seiryoden. Die zur Veranda hinaufführende Freitreppe der Shishinden-Halle (Südseite) ist westlich von einem Mandarinen-, östlich von einem Kirschbaum flankiert; die Freitreppe der Seiryoden-Halle (Ostseite) rechts und links von kleinen eingezäunten Bambushainen. Von diesem spärlichen gärtnerischen Schmuck abgesehen sind die großen Vorhöfe – speziell der Shishinden-Hof hat erhebliche Ausmaße – leer, mit weißem Kies bedeckt. Vor dem Seiryoden fließt noch ein kleiner Bach, aber sonst unterbricht nichts die dominierende Leere. Diese freien Kiesflächen am Kaiserpalast von Kyoto gelten in der einschlägigen Literatur einhellig als eine der ältesten Inspirationsquellen des japanischen Gartens.

Die japanische Ur-Religion dachte sich Bäume von göttlichen Geistern belebt. Warum hat man dann nicht so viele Bäume wie möglich gepflanzt, statt so weite Leerräume zu lassen? Verstoßen die Leerräume nicht gegen japanischen Urglauben?

In seinem Tagebuch *Gosho nikki* bemerkt Matsuoka Yukiyoshi (gest. 1848) dazu folgendes:

Omura Kazusanosuke erwähnte mir gegenüber häufig einen Punkt, den er im Zusammenhang mit Gärten für bemerkenswert hielt: »Von frühester Zeit an waren die Flächen vor Staatshallen wie Shishinden und Bankettgebäuden wie Seiryoden frei von künstlichen Hügeln und Wasserflächen; sie wurden mit weißem Kies bedeckt und leer gelassen. Später, zur Zeit des Tokugawa-Shogunats, gestaltete man auch die Vorgärten der großen *Shoin*-Hallen offizieller Residenzen – ob das Holz schwarzlackiert oder unbemalt war – als freie Kiesfläche, auf der höchstens ein paar Bäume standen. Auch hier weder künstliche Hügel noch Bäche. Im Vorgarten von Gebäuden, die offiziellen Funktionen dienten, wurden offenbar keinerlei Hügel, Pflanzungen und nachgebildete Naturlandschaften geschaffen, wohl aber in den Vorgärten von Wohnbauten und Residenzen, deren Bewohner morgens und abends in Mußestunden den Garten betrachten, Gedichte schreiben und rezitieren konnten.« Darauf entgegnete ich, daß die Freiräume vor Banketthallen, dem Shishinden usw. ja als Veranstaltungsplatz für offizielle Zeremonien dienten, bei denen Minister und Höflinge in großer Zahl dem Kaiser huldigten. Für Hügel, Bäche und sonstige Elemente des Landschaftsgartens war da kein Platz. In Sommerpalästen wie Suzakuin und Shinsen'en fanden dagegen keine offiziellen Feierlichkeiten statt, daher wiesen sie stets Landschaftsgärten auf. Auch die Residenzen von rangniedrigeren Beamten als den Ministern waren selten Veranstaltungsort größerer Zeremonien, daher hatten auch sie meistens Naturgärten zur Erbauung des Hausherrn und seiner Gäste.

Matsuokas Antwort scheint mir ein richtiges Bild der Situation zu geben, wie sie vom Beginn der geschichtlichen Zeit bis heute besteht. Die Feiern zur Investitur der Kaiserin Meisho (1623–1696) beispielsweise, abgehalten im großen Vorhof des Shishinden in Kyoto, veranschaulichen, wie fehl am Platz hier Teiche und Hügel gewesen wären. Sieben Banner – 15 Meter hoch – und fünf Hellebarden wurden für die Zeremonie aufgerichtet; Gäste drängten sich, Hofadel, Vertreter der Tokugawa-Shogunatsregierung.

Sei Shonagon – eine Autorin, die vor allem durch ihr »Kopfkissenbuch« *(Makura no soshi)* bekannt wurde – war bis zu ihrem frühen Tod mit 25 Jahren Kammerfrau von Teishi, der Gemahlin des Kaisers Ichijo (986–1011). Zu den schönsten Dingen der Welt, schreibt sie, gehöre Kagura-Sakralmusik, aufgeführt im Vorgarten des Seiryoden:

> Die Aufführung fand bei Nacht statt. Auf der weißen Kiesfläche im Vorgarten war eine provisorische Bühne errichtet; an ihren vier Ecken brannten Feuer in eisernen Gitterkörben, zur Beleuchtung des heiligen Tanzes, der kommen sollte, und zur Reinigung der Bühne für den herabsteigenden Gott.* Der erste Tanz – »Sugura« – stellte eine Phantasie dar, mit zwei Tänzerinnen: das Herabkommen einer Himmelsjungfrau auf die Erde in himmlischen Gewändern. Der nächste erzählte von Liebe und Leid einer Mutter, die das Kind sucht, das sie ausgesetzt hat. Am Schluß, wie bei solchen Aufführungen üblich, das »Ohire«-Finale. Die ganze Zeit spielte man Klappern, koreanische Flöten, Flageoletts und Harfen und sang Lieder. Dann, als sich der Rauch der Gartenfackeln verdünnte, gellte die Sakraltanzflöte wunderbar und faszinierend.

Vom ästhetischen Reiz der Szene abgesehen, der die Autorin so begeistert, ist anzumerken: Bei derlei Anlässen wurden auf die Kiesfläche – vorübergehend – wieder Götter herabgerufen. Den Göttern geweihte leere weiße Kiesflächen waren bereits im 5. und 6. Jahrhundert geschaffen worden, lange vor der Niederschrift der ersten Gartenhistorien.

Ungefähr zu dieser Zeit entstand aus dem Clan-System heraus das erste echte japanische Kaisertum. Der Kaiser war nicht nur politischer Herrscher, sondern auch Priester. Somit mußte der Kaiserpalast – Sitz weltlicher wie religiöser Gewalt – ständig rein und heilig gehalten werden. Das Wort *miya,* das in alter Zeit Kaiserresidenz und zugleich Shinto-Schrein bedeutete, läßt die Bedeutung ritueller Reinheit des Kaiserhauses erkennen. Zum Symbol dieser Reinheit wurde der Vorhof des Palastes mit weißem Sand bedeckt: ein Ort nicht nur, wo sich Minister versammelten, sondern auch ein Ort des Götterkultes.

Veränderungen der kaiserlichen Kompetenzen führten dann auch zu einer Trennung der Gartenfunktionen. Die rituellen Aufgaben gingen mehr und mehr an die Shinto-Priester *(kannushi)* über, der Kaiser befaßte sich nurmehr mit politischen und militärischen Fragen. Der *miya* wandelte sich zum reinen schlichten Schrein, sein Vorhof zur rechteckigen Fläche *ishitsubo,* bedeckt mit grobem grauweißem Kies, wie er sich bei allen Shinto-Schreinen bis heute findet. Die Kaiserresidenz wurde Staatspalast *(dairi),* doch die Vorhofgestaltung als weiße Kiesfläche hat sich bis heute erhalten.

Unterschiedliche Inhalts- und Sinnsetzungen durch Hinzufügung von Steinen, Pflanzen, Teichen, Bächen und Teepavillons haben aus der leeren heiligen Fläche des alten *niwa* den japanischen Garten in seinen verschiedenen Spielarten entstehen lassen.

* Zeuge dieses Kulttanzes war der Kaiser; anschließend wurde der Tanz den Göttern geweiht. Aufgeführt wurde das Tanzritual zu drei Anlässen: von unverheirateten weiblichen Angehörigen der Kaiserfamilie, ehe sie vor Kaiserkrönungen als Tempeljungfrauen zum großen Schrein von Ise gingen; beim Märzfest am Iwashimizu-Hachiman-Schrein und bei besonderen ein- bis zweitägigen Festlichkeiten im November am Kamo-Schrein.

Sakraltanz bei Fackelschein in der Heian-Zeit. Rollbild aus der Kamakura-Zeit

IDEALISIERUNG DER NATUR

Der japanische Garten läßt sich nur aus dem japanischen Naturverständnis heraus begreifen. Ungefähr im 3. Jahrhundert v. Chr., als die Bewohner Japans in Dörfern seßhaft wurden und anfingen, Reis anzubauen, kam es zu ersten Umgestaltungen von Natur- in Kulturlandschaft. In der Frühphase, bei noch unsystematischer Bewässerung, siedelten die Bauern hauptsächlich in den Wäldern; die Quellen und Feuchtgebiete im Wald boten Voraussetzungen für den Wasserreisbau. Die Lage der japanischen Inseln im Monsungürtel schuf die anfänglichen Minimalbedingungen für eine solche Agrarkultur: und trotz manchmal sintflutartiger Regenfälle, Taifune, Schneestürme und Überschwemmungen wurde das Klima für einen grenzenlosen Segen gehalten. Die Shinto-Hauptgottheit, die Sonnengöttin Amaterasu, bringt Ernteglück. Ethnologe Yanagida Kunio (1875–1962): »Bauern legten auf ihrem Land Teiche mit Bachzufluß an, weil Anblick und Geräusch fließenden Wassers ihre Seele beruhigte [mit der Aussicht auf gute Ernte].«

Der Japaner nimmt keine Konfrontationshaltung zur Natur ein, er sieht sie nicht als latente Gefahr, die es zu bändigen gilt; andererseits kann er die Natur aber auch nicht als vollkommen idealisieren. Um sein Haus schuf er eine ›Zweitnatur‹, gestaltet, kontrolliert: als offenen Raum oder *niwa.* Der *niwa* war eine idealisierte Version der Natur und erfüllte gleichzeitig praktische Zwecke. Ein Teil der bäuerlichen Arbeiten konnte hier erledigt werden, außerdem war der Garten Pufferzone zum Schutz gegen Windeinwirkung und zum Feuchtigkeits- und Temperaturausgleich.

Naturphänomene wurden im primitiven Japan vergöttlicht. Heute glaubt zwar praktisch keiner mehr an die Kraft von Naturgöttern, aber bestimmte Riten haben sich als Tradition bis heute erhalten. Interessantes Beispiel: der Baumkult, den es in Teilen Südostasiens noch geben soll. In Japan werden heute noch heilige, reinigende Reisstrohseile *(shimenawa)* um den Stamm besonders großer und ehrwürdiger Bäume gebunden, die – jedenfalls formal – für göttlich gehalten werden. Solcher Kult ist sicherlich einem Bestreben nach Weltdeutung und nach Besänftigung der Götter

Baum mit heiligem Shinto-Seil. Omiwara-Schrein, Nara

entsprungen. Leicht vorstellbar, daß auch abergläubische Scheu vor dem Urwald beim Baumkult mitspielte. Interessanterweise bedeutet das japanische Wort für Wald – *mori* – sowohl Baumansammlung als auch heilige Zone, auf die Götter niederkommen: kurz, ein Schrein ohne Schreingebäude. Solange es Bäume als Mittler zwischen Mensch und Gott gibt, braucht man kein Bauwerk.

Als ersten Schritt im Kampf zwischen Mensch und Gott läßt sich die Waldrodung deuten, die der Schaffung von Ackerland und der Holzversorgung diente. Um das Abholzen der Bäume zu rechtfertigen, bauten die alten Japaner zuerst immer ein Wohnhaus für die Götter *(yashiro)*, das sie sich natürlich schöner zu machen bemühten als die eigenen Häuser. Wie zu erwarten, waren diese Gottes-Häuser eng mit der Landwirtschaft verbunden.

Veranschaulicht sei dies am Beispiel der historischen Relikte von Toro aus der Präfektur Shizuoka. Es handelt sich um eine altjapanische Siedlung aus der Yayoi-Zeit (ca. 350 v. Chr. bis 250 n. Chr.), die 1943 entdeckt und in der Folgezeit ausgegraben und rekonstruiert wurde. Die Bewohner lebten in Wohngruben, die mit primitiven Steinwerkzeugen gebaut werden konnten; der Speicher war jedoch ungleich kunstvoller und muß den Einsatz von Eisenaxt, Säge und Breitbeil erfordert haben. Im Speicher lagerte der kostbare Saatreis, ohne den die Ernte des nächsten Jahres nicht denkbar war; schon daraus ließe sich seine Vorrangstellung erklären. Man muß aber daran denken, daß nach archaischem Glauben in der Kornschale der Geist des Getreides wohnte. Der Speicher war – kurz gesagt – mehr als nur eine Lagerstätte für Saat: Er war ein Schrein für den Geist des Getreides. Wohl aus diesem Grund erinnert der Hauptbau des Ise-Schreins (Präfektur Mie) – der Sonnengöttin geweiht, seit mehr als tausend Jahren zentrales Heiligtum des Shintoismus – stark an die Kornspeicher der Yayoi-Zeit. Langsam wurde der alte Speicher zum Kernpunkt einer gereinigten Zone *(yuniwa)*, umgeben von Kiesflächen der bereits erwähnten Art.

Um sich göttlichen Schutzes zu versichern, pflanzten Bauern – aus dem Baumkult heraus und als Zeichen der Dankbarkeit für die Götter – Bäume in den freien Raum, der ihr Haus umgab. Sie wählten dazu alte, zur Erde geneigte Kiefern und Kirschbäume. Die herabhängenden Zweige deutete man als Omen, daß die Götter zur Erde zurückkommen würden.

In der altjapanischen Gesellschaft wünschten Bauern wie Aristokraten ihre Gärten mit den gleichen Elementen zu beleben: Teiche, Bäche, Bäume. Sie setzten diese Elemente jedoch nicht in gleichem Ausmaß und in der gleichen Art ein. Das Verbindende an ihren unterschiedlichen Gestaltungsansätzen war der traditionelle Wunsch des Adels, sich pastorale Szenen ins Haus zu holen. Dies inspirierte zur Verwendung natürlicher ›schöner Aussichten‹, von Bächen, ländlichen Wegen und Landhäusern; Objekten, die rein nach ästhetischem Wert betrachtet wurden. Das Sehnen seitens der Reichen, in verfeinerter Form das rustikale Milieu der Armen nachzubilden, ließ die künstlichen Hügel und Teiche entstehen, die fortan einen so wesentlichen Teil aller Landschaftsgärtnerei in Japan bildeten.

Bis zum 19. Jahrhundert, bis zur Berührung mit abendländischem Gedankengut, hat der Japaner kaum über die abstrakte Schönheit der Natur reflektiert. Er sah die schöne Blume, nicht die Schönheit der Blume. So war von seinem Standpunkt aus das Wichtige in der Gartenkunst die Schönheit von Pflanzen und Steinen, die von Menschenhand unberührt schienen. Geometrische Blumenbeete haben für Japaner nie irgendwelchen Reiz gehabt.

Nun ist freilich ein ökologisches System niemals statisch; Gärten verlangen menschliches Eingreifen, wenn sie bleiben sollen wie ursprünglich geplant. Unkraut und Sämlinge müssen gejätet, Bäume und Sträucher beschnitten werden. Kurz, der Garten wird aufgrund der ständigen Pflege, die er verlangt, zu einer Art Kulturland im Kulturland. Der peinlich gepflegte und durchgestaltete Garten war zuerst in der Gegend um Kyoto am verbreitetsten; im Gegensatz dazu wiesen manche Gärten in Tokyo und Ostjapan Bäume auf – Fichten, Zelkowa usw. –, die es vor dem 19. Jahrhundert in Kyoto-Gärten nie gab, Bäume, die unbeschnitten ›wild‹ wachsen durften. Manche dieser Bäume gediehen, andere verdorrten. Dann wurden sie jedoch nicht ersetzt, die Gärtner suchten dem Garten nicht die ursprüngliche Form zurückzugeben, wie es beim streng durchgestalteten Garten nach Kyoto-Stil der Fall gewesen wäre. Diese Haltung sieht Bäume, Pflanzen und Steine in der Natur ebenso als Kunstwerke an wie Bilder und Plastiken und sucht keinen Unterschied zu machen zwischen dem Natürlichen und dem Artifiziellen.

Damit soll nicht gesagt sein, daß die Japaner jeden beliebigen alten Baum oder Steinbrocken einfach von Feld und Flur holen und ihn unverändert im Garten aufstellen. Wie der durchgestaltete Garten verlangt, daß die Form von Pflanzen nach ästhetischen Gesichtspunkten verändert wird bzw. daß sie zurechtgeschnitten werden, so müssen Steine für jede Landschaftskomposition sorgfältig nach ihrer Form ausgesucht werden. Zwar nehmen die Japaner ›künstlichen‹ Eingriff in die Materialien vor, suchen aber die Natur in Gärten zu idealisieren, die den Anschein des Natürlichen erwecken; überall im japanischen Garten ist Menschenhand am Werk, aber das ›Künstliche‹ verfolgt unterschiedliche Ziele.

Rekonstruktion in Toro, Shizuoka

MIKROKOSMEN

Schaffung von Mikrokosmen ist vielen Bereichen der japanischen Kultur gemein: Ikebana, Bonsai, Teezeremonie und Gartenkunst, um nur einige zu nennen. Im Garten bilden Steinsetzungen den räumlichen Rahmen dieser Mikrokosmen. Steine von Berg, Feld und Meeresküste, entweder von Menschenhand unberührt oder zu Zufallsformen behauen, sind Kunstwerke eigener Art, in bestimmter Hinsicht so wertvoll wie das, was der Künstler bewußt formt. Doch der japanische Gartenschöpfer betrachtet den Stein nicht als Ausdrucksmedium eigener Ideen wie der Bildhauer; er wählt vielmehr aus natur- und zufallsgeformten Materialien und läßt seine

Steinsetzung (Dreiergruppe), Rakuraku-en, Shiga

Phantasie lediglich in der Komposition der Steine spielen, in ihren Arrangements zum Mikrokosmos. Wenn es darin ein ästhetisches Element gibt, dann die Ästhetik der Entdeckung.

Die Gartenkünstler, die vor langer Zeit die Ur- und Vorbilder des japanischen Gartens schufen, sind nicht von so klar artikulierten theoretischen Grundlagen ausgegangen. Sie machten einfach Gebrauch von Dingen, die sie schön fanden. Die Gärten entstanden aus einer glücklichen Verbindung von schönen Naturobjekten und Menschen, die für solche Schönheit empfänglich waren. Fragen der moralischen und ästhetischen Sensibilität müssen Vorrang haben vor dem rein Gartentechnischen. Mit anderen Worten: Grundvoraussetzung für die Schaffung eines schönen Gartens ist die ›schöne Seele‹.

Die japanische Seele sieht in einem Tautropfen, der morgens auf einem Lotusblatt glitzert, nicht nur eine Widerspiegelung, sondern eine Verdichtung, ein ›Einfangen‹ des Himmels und der umgebenden Welt. Ähnlich ist der ganze Garten, bis hin zum blinkenden Tautropfen, nichts von der Welt Abgehobenes, sondern verdichtete Natur. Eine Drei-Steine-Komposition im Garten symbolisiert – und *ist* in gewissem Sinn – die klassische chinesische Dreiheit Himmel–Erde–Mensch.

Die Miniaturwelt des Gartens braucht einen Zaun oder eine Hecke: nicht als Trenn-, sondern als Verbindungslinie zwischen Innen- und Außenwelt. Seit je sucht der japanische Gartenschöpfer den Eindruck zu erwecken, daß die Außenwelt im Gartenraum ›mitschwebt‹; umgekehrt soll, wenn möglich, etwas vom Garten, und sei es auch nur flüchtig, draußen sichtbar sein. So läßt man zum Beispiel gern die Äste einer besonders wohlgeformten Fichte über den Zaun ragen. Eine vielleicht noch bemerkenswertere Gartentechnik: die ›geborgte Landschaft‹, oder, wie der Gärtner sagt, ›lebendig eingefangene‹ Landschaft. Dabei wird die landschaftliche Hintergrundkulisse – oder Teile davon – in die Gartenkomposition mit einbezogen. Dafür gibt es eine Reihe berühmter Beispiele. In dem Trockenlandschaftsgarten *(kare sansui)* des Tempels Entsu-ji in Kyoto ist die ferne Silhouette des Berges Hiei einkomponiert.

›Mikrokosmischer‹ Steingarten, Tokai-an, Kyoto

›Geborgte Landschaft‹, Tenryu-ji, Kyoto

Bindeglied zwischen Garten und Berg: eine niedrige Hecke und ein paar Bäume, zwischen deren Stämmen die Bergszene erscheint. Hintergrund (Berg), Vordergrund (Gartenraum) und Mittelgrund (Hecke und Bäume) vereinigen sich zu einem schönen Gesamtbild.

Ein anderes Beispiel: der Park des Sommerpalastes Shugakuin, wo ein Gartensee mit dem Hintergrundpanorama der westlichen und nördlichen Berge kontrastiert. Verklammerndes Element ist dabei das weite ›Zelt‹ des Himmels: eine ästhetische Konsonanz zur fernöstlichen Malkunst, wo die leeren Flächen ebenso wichtig sind wie jene, auf denen etwas dargestellt ist. Und wie in den Freiflächen der Gemälde oft Kalligraphie und Dichtung auftauchen, so erscheinen auf der Freifläche des Gartens – dem Himmel – Wolkenbänke, die untergehende Sonne im Zwielicht, vorbeiziehende Regenschauer.

DAS VERÄNDERLICHE ALS QUALITÄT DES UNVERÄNDERLICHEN

Die buddhistische Anschauung, daß alles flüchtig, vergänglich ist und daß alle Veränderung Leid erzeugt, hat starken Einfluß auf das japanische Denken gehabt. Desgleichen aber auch die Anschauung, daß Veränderung von Leben zeugt. Aus buddhistischer Sicht stellen die ägyptischen Pyramiden in ihrer scheinbaren Unveränderlichkeit und Beständigkeit ein erstrebenswertes Modell dar; Veränderung als synonym mit Leben zu sehen, heißt dagegen, den fließenden Bach zu bewundern, ewig in Bewegung, mit Schaumkrönchen, die werden und vergehen. In der Gartenkunst, mit der Natur als Lehrer, waren und sind die Japaner von beiden Anschauungen beeinflußt, ohne daß eine davon die ausschließliche Oberhand gewinnen konnte.

Die Fähigkeit, solchermaßen zwei Ideen balancierend zusammenfließen zu lassen, ist urjapanisch. Seit alters gelten in der japanischen Kultur eine Reihe Tabus. Zum Beispiel: Da das Schriftzeichen für die Zahl vier identisch mit dem für ›Tod‹ ist und da laut Tradition Wörter von Geistern beseelt sind, hat man in Japan, im Gegensatz zu China, Vierergruppen von Bäumen und Steinen im Garten gemieden. Noch jede Menge ähnlicher Restriktionen ließe sich anführen, aber es wäre ein Fehler anzu-

Höflinge der Heian-Zeit beim Gartenfest, Koyo-in, Kyoto. Rollbild aus der Kamakura-Zeit

nehmen, die Japaner hätten sich immer nach solchen Tabus gerichtet. Ebenso falsch wäre es aber zu sagen, sie hätten sie immer gebrochen. Das Ziel war stets, Gärten hervorzubringen, die gefallen.

Der Buddhismus lehrt, daß es keine ewige, unveränderliche Identität gibt; alles besteht aus Grundelementen, die sich fortwährend wandeln. In diesem Zusammenhang tendieren Japaner dazu, in allen Phänomenen eine universelle Flüchtigkeit und Veränderlichkeit, ein gegenseitiges Durchdringungsvermögen zu sehen. Ein altes Volkslied sagt: Trägt man eine bestimmte Art von Haube, kann man die Bäume mit menschlicher Stimme sprechen hören. Obwohl teils vielleicht dem alten Baumkult entlehnt, steckt in dieser Anschauung im Grunde doch (noch) der Glaube, daß Götter in Bäumen wohnen können, daß sie freundlich sind und daß sie in Menschen und sogar Tiere verwandelt werden können. Alle Dinge sind eins; und keins hat eine unverrückbare Identität.

Die Vorstellung von Veränderung als Lebens-Zeichen findet konkreten Niederschlag in der Gartenkunst. Seit mehr als tausend Jahren verwenden Gartenschöpfer in Kyoto, im traditionsreichen Zentrum der Kunst, nur sommergrüne Laubbäume (mit einer einzigen Ausnahme: der Kiefer), weil sie visuell die größte Vielfalt und Abwechslung bieten – frisches Grün im Frühling; volles Laub im Sommer; Pracht der Herbstblätter; Schönheit des Schnees auf kahlen Ästen im Winter. Oben erwähntes Tagebuch *Gosho nikki* schildert, welchen Reiz der Wechsel der Jahreszeiten für Hofadlige der Heian-Zeit hatte:

Viel Freude hatten Hausherr und Gäste an der Beobachtung der Teiche und Bäche, die im Residenzgarten angelegt worden waren. Auch beschränkte sich ihre Freude nicht auf die Blumen des Frühlings und das leuchtend bunte Herbstlaub. Im Sommer konnten sie vor der Wärme in die kühlende Brise fliehen, die den Fischerpavillon durchwehte, von dem man den Teich übersah. Und im Winter konnten sie die Kälte vergessen, indem sie früh am Morgen Gedichte lassen, mit Ausblick auf den schneebedeckten Garten. Begeistert von solcher Landschaft fühlte sich der Hausherr gesegnet genug, um hundert Jahre alt zu werden.

Freilich: Was sich verändert, ist unvollkommen. Es hat nichts vom Absoluten an sich und kann nie ideale Form gewinnen. Der Baum, der jetzt blüht, muß irgendwann

Veranda, Schiebewände und offenes Innere eines traditionellen japanischen Hauses in Takayama, Gifu

verdorren und absterben. Der Wechsel der Jahreszeiten ist nur ein Prozeß, und der Garten wird der Seligkeit und Ewigkeit dadurch teilhaftig, daß er immer unvollkommen ist. Wer dieses Veränderliche still beobachten kann und erkennt, daß auch er selbst ein sich wandelnder Teil der sich wandelnden Natur ist, findet inneren Frieden. Aus dieser Anschauung heraus ist es den Japanern nie in den Sinn gekommen, Gärten zu schaffen, die eine Konfrontations- oder Kontrasthaltung zur Natur einnehmen. Sie wollen sich vielmehr als Be-Wohner der Naturwelt vorkommen und haben diese in starkem Maß in ihre Wohnwelt einbezogen. Zwar stimmt es, daß im Westen heute viele Häuser große Panoramafenster haben, die die Natur scheinbar ›heranholen‹. Aber dazwischen steht immer die Glasfläche: Die Berührung zwischen den Menschen drinnen und der Natur draußen ist rein visuell. Anders das traditionelle japanische Haus: Hier wird die Verbindung zum Garten durch Schiebewände *(shoji)* hergestellt, die durch großflächige Öffnungen Zugang zum Garten schaffen. Weiter besitzt das traditionelle Haus meist eine Veranda – Schutzzone für das Hausinnere und zugleich Ort ungestörter Naturbetrachtung. Dadurch, daß sie überdacht und mit den Hausräumen niveaugleich ist, gehört sie dem Inneren an; dadurch, daß sie auf mindestens einer Seite vollständig geöffnet werden kann und Frischluftkontakt hat, gehört sie auch dem Äußeren an. Zweifellos ist die Veranda aus den Bedürfnissen eines in der Monsunzone lebenden Agrarvolkes und nicht aus naturökologischen Überlegungen heraus entstanden.

Die japanische Sensibilität für Wandel erstreckt sich auch auf die Veränderungen, die der Zahn der Zeit – sehr, sehr langsam – an Steinen bewirkt. Die Patina *(sabi),* die der Stein in seiner natürlichen Umgebung bekommt, sei es Strand, Feld oder Berg, macht einen großen Teil seiner Schönheit aus und bestimmt, für welche speziellen landschaftsgestalterischen Zwecke er ausgewählt wird. Nach der Plazierung im Garten setzen die Steine neue Patina an (genannt Garten-*sabi*), für die dann großenteils derjenige verantwortlich ist, der den Garten pflegt.

Ein Bildkapitel über die Formenwelt des japanischen Gartens und ihre Entwicklung: von den frühen Hügel- und Teichgärten der Heian-Zeit bis zu den weiträumigen Kunstlandschaften zum Lustwandeln und Erholen, die vom 17. Jahrhundert an entstanden. Alle Gärten arbeiten mit den gleichen Grundelementen: Steinen, Wasser, Pflanzen.

STEINE, WASSER, PFLANZEN

STEINE

Ryogen-in. Die Kunst der Plazierung: Unregelmäßigkeit und verwitterter Aspekt des Steins, eingesetzt nach den Form- und Schönheitsvorstellungen des Gartengestalters. Großer aufrecht stehender Stein mit zwei niedrigeren horizontalen Formen: eine Standard-Konfiguration. Sie bekommt hier durch die Schrägstellung des aufrechten Steins enorme Spannung. (Kyoto)

Daisen-in. Steine unterschiedlicher Oberflächenstruktur, eine Brücke über einen Wildbach suggerierend. Dieses Stein-Arrangement lehnt sich an chinesische Landschaftsmalerei an und illustriert den Zen-Glauben, daß auch auf kleinstem Raum ›welthaltige‹ Mikrokosmen möglich sind. Die allgemeine Sensibilität für Steine stammt jedoch auch in nicht geringem Maß aus Japans eigener animistischer Shinto-Tradition. (Kyoto)

Saiho-ji, Oberer Garten. Steinkaskade, sehr frühes Beispiel für Trockenlandschaftstechnik und eine der größten Meisterleistungen japanischer Gartenkunst. Überwältigt steht der Betrachter vor der Aggressivität der niederstürzenden Steinmasse, die aber geschickt aufgefangen wird durch horizontal ›ruhende‹ Steine und Moosflächen zwischen den Kaskadenstufen. Die Patina der Steine und die leichte Überwucherung der Umgebung vermitteln ein Gefühl der Zeitlosigkeit. (Kyoto)

Joei-ji. Dieser Garten soll von Sesshu (1420–1506) stammen, einem der größten Landschaftsmaler Japans, berühmt für seinen kontrastreich-kraftvollen Stil. Anklänge daran finden sich in den ›gedrungenen‹ Steinen dieses Gartens, aber der allgemeine Eindruck ist eher der eines offenen Universums als der eines geschlossenen Panoramas. Azaleenbüsche ahmen die Form der Steine nach und verdichten die Komposition. (Yamaguchi)

Ryogen-in. Binnengärten *(tsuboniwa)* können im Innenhof eines Gebäudes liegen oder – wie hier – zwei Gebäude verbinden. Sie dienen auch zum Auffangen des Lichts: in diesem Garten besonders deutlich durch die helle reflektierende Kiesfläche. Zwei komplementäre Steingruppen verbinden die Korridor-Enden zu einer hochabstrakten Zen-Komposition. (Kyoto)

Koho-an. Plattenartiger Stein, Suggestion einer Brücke. Detail aus einem Garten, der berühmte landschaftliche Szenen aus China darstellt und aus einem angrenzenden Teeraum wie aus einem ankernden Boot betrachtet werden will. Rekonstruktion aus den 1790er Jahren, wahrscheinlich nach dem Originalplan von Kobori Enshu (1579–1647), einem der großen Gartenschöpfer seiner Zeit. (Kyoto)

Residenz Asakura, Ichijodani. 100 Jahre (bis Mitte des 16. Jahrhunderts) regierten die Asakura-Feudalherren auf ihrer Burg in der Ichijodani-Schlucht in der Provinz Echizen. In den 1960er Jahren wurde dort dieser Garten ausgegraben, zutage kam u. a. ein Teich mit Felseninsel und eine Trockenkaskade. Die Komposition scheint manchem modernen Beobachter zu ungeordnet, aber die schweren Felsblöcke sind interessant und passen zum Garten eines Kriegers. (Fukui)

WASSER

Palast Sento. Dieser weite Garten mit zwei Teichen, Wandelpfaden, großen Wistarien und Teehäusern wurde um 1630 von Kobori Enshu als Residenz für den abgedankten Kaiser Gomizuno-o und seine Frau geplant. Die berühmten runden Steine am Ufer des Südteiches wurden aus Odawara, weit im Osten, herangeschafft. Reizvoller Kontrast: Hüben ruhige Uferlinie, drüben zerklüftete Gestaltung mit Felsbrocken. (Kyoto)

Hekiun-so. Flache Steine, als Landungssteg dienend, lenken den Blick sehr wirkungsvoll über den Teich zum Pavillon, Bootshaus und Wald. Ein Uferweg in alter Wandelgarten-Tradition bietet ständig wechselnde Ausblicke. Garten eines Finanzmagnaten, 1917 errichtet. Vorher befanden sich hier Reisfelder. (Kyoto)

Tenryu-ji. Entworfen um 1340 von Muso Soseki, der auch den Saiho-ji gebaut hat. Bei diesem Teil des Ufers handelt es sich eindeutig um künstliche Steinsetzungen. Die dreiteilige Brücke dient als Gehweg, als Gestaltungselement und als Metapher: Sie versinnbildlicht die drei Religionen Buddhismus, Konfuzianismus und Taoismus, die gemeistert und dann transzendiert werden müssen, wenn man zur Erleuchtung gelangen will. (Kyoto)

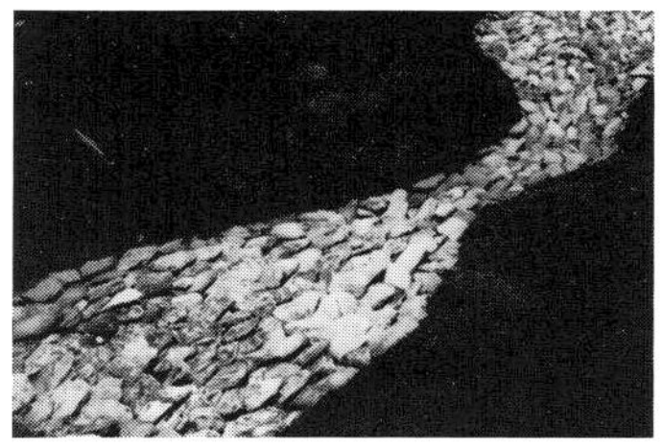

Shinnyo-in. 1596 angelegt, wurde der Garten nach dem Krieg von Shigemori Mirei restauriert. Große längliche Kieselsteine, alle in ›Fließrichtung‹ ausgerichtet, bilden eine wirkungsstarke Trockenlandschaft, die nicht nur Geschwindigkeit und Kraft, sondern auch das Brausen eines Wildwassers wachruft. Das bis zum Ufer herabgezogene Moos läßt den Steinfluß ›eingedämmt‹ wirken. Als Schauplatz ruhiger Kontemplation ist dieser Ort kaum vorstellbar. (Kyoto)

Hekiun-so. Wasser wird im Garten zum vielseitigen rhythmisch-musikalischen Instrument. Bäche werden gern möglichst seicht gehalten: das Wasser fließt dann schneller und schafft mehr Möglichkeiten für optische und akustische Effekte. (Kyoto)

Hokongo-in. Der Wasserfall, schön für Auge und Ohr, ermöglicht gleichzeitig die Wasserversorgung des Gartens ohne Rohrleitungen und Zuflußgräben. Um 1130 gebaut, gehört er zu den ältesten in Japan und ist letzter Überrest eines größeren Gartens, der einmal einen Teich, eine Amida-Halle und andere Bauten umfaßt hat. Die Kaskade ist aus fünf mächtigen Steinen gebaut und vier Meter hoch. (Kyoto)

PFLANZEN

Tofuku-ji. Quadratische Granitplatten im Moosmeer erinnern an Reisfelder, sind aber hier formales Gestaltungselement. Von Shigemori Mirei 1939 angelegt, kommt der Garten modernem Geschmack entgegen, ohne ganz mit der Vergangenheit zu brechen. Die Abstände zwischen den Steinen sind bewußt unregelmäßig und werden am Rand der Parzelle – wo größere Pflanzungen anfangen – immer ausgedehnter, um einen Übergang zwischen beiden Zonen zu schaffen. (Kyoto)

Daichi-ji. Pflanzen in traditionellen Gärten werden normalerweise formend beschnitten: entweder, um ihre natürliche Form hervorzuheben, oder – wie hier – um Berge, Felsen und wogendes Meer anzudeuten. Diese Hecke, die von Kobori Enshus Enkel entworfen sein soll, ist als Darstellung des Meeres anzusehen, mit einem auf den Wellen treibenden Schatzschiff. Die weitausholenden Kurven, durch Licht-und-Schatten-Wirkung plastisch hervortretend, erinnern an bestimmte Schnörkelmotive in der dekorativen Kunst des 17. Jahrhunderts. (Shiga)

Shugakuin, Obere Villa. Ex-Kaiser Gomizuno-o legte Shugakuin im 17. Jahrhundert als Landsitz an. Ein Garten großen Stils auf drei Ebenen mit zahlreichen Gebäuden, ›weites Naturgefühl‹ vermittelnd. Mit am herrlichsten ist in Shugakuin das Herbstlaub, besonders hier im sogenannten Ahorntal am »Teich des badenden Drachens«. (Kyoto)

Residenz Omori. Das Wasser im niedrigen Steinbecken *(tsukubai)* dient mehreren Zwecken: Reinigung von der Teezeremonie, Benetzen von Steinen, Speisung kleiner Bachläufe. Zur Beleuchtung des Beckens und seiner Umgebung steht in der Nähe die traditionelle Steinlaterne, ein vertikales Requisit. Meist hätte man in einem so kleinen Hausgarten die Gestaltungselemente sparsamer eingesetzt, damit sich der Raum ›öffnet‹; hier aber hat der Gartenarchitekt ein sehr dichtes Ensemble vorgezogen, mit einladender Wirkung. (Kyoto)

Hokuku-ji, auch Bambustempel genannt wegen des hier gezeigten Bambushains. Diffuses Licht und Mangel an Unterholz lassen an einen Zedernwald am Berghang denken, dabei ist dieser Ort nur ein paar Schritte von einem belebten Einkaufszentrum entfernt. Bambus hat den Nachteil, daß er sich rasch ausbreitet; unvorsichtig eingesetzt, macht er jede offene Fläche schnell zum ›Wald‹. Keine beliebte Pflanze im japanischen Garten. (Kamakura)

GESCHICHTE DES JAPANISCHEN GARTENS

Der japanische *niwa* (einfach, aber nicht ganz korrekt mit ›Garten‹ übersetzt) wurzelt in zwei Ursprüngen: Religion und Landwirtschaft. Religion – und das heißt in der Frühzeit auch: weltliche Herrschaft, denn beide fielen anfangs zusammen – ließ die kiesbedeckten geheiligten freien Flächen entstehen, heute verkörpert durch den Vorhof des Kaiserpalastes Kyoto und die Kiesflächen, die Shinto-Heiligtümer umgeben. Die Landwirtschaft ließ das Bedürfnis nach hausnahen Außenräumen bzw. -flächen entstehen, wo bei gutem Wetter bäuerliche Arbeiten erledigt werden konnten, und nach Innenflächen, wo ein Teil dieser Arbeiten auch bei schlechtem Wetter getan werden konnte. Zu diesem Zweck entstanden der Vorhof *(niwa)* des Bauernhauses und der äußere oder Vorraum des Hauses selbst mit festgestampftem Erdboden *(doma)* bzw. das Seitengärtchen; in des Wortes archaischer Bedeutung heißt *niwa* zunächst nicht ›zweckfreie‹, sondern ›zweckgebundene‹ Bodenfläche *(ha)* aus künstlich behandeltem feinkörnigem Lehm *(ni)*.

Obwohl grundsätzlich Räume für praktische Zwecke, hatten *doma* und Vorhof aber auch zeremonielle und rituelle Bedeutung. So schmückte man den *doma* – wo sich die Kochstelle befand – zu Neujahr zu Ehren der Feuer- und Wassergötter mit besonderen Kuchen aus gestampftem kleberreichem Reis *(kagami-mochi)*. Und im Vorhof – er diente hauptsächlich dem Trocknen von Reiskleie in der Sonne – verabschiedete nach Besuchen, wie es die Etikette befahl, der Hausherr förmlich seine Gäste. Eine Sitte, die sich auf dem Land teils bis heute gehalten hat.

Der *niwa* als Stätte bäuerlicher Arbeit spielte noch bis in die jüngste Zeit eine große Rolle; erst nach dem Zweiten Weltkrieg setzte sich bei neugebauten Bauernhäusern durch, daß man Vorhof und *doma* in der traditionellen Form wegließ. Hauptinspirationsquelle für das, was die Welt heute als japanische Gartenkunst kennt, waren freilich nicht diese heimeligen bäuerlichen Zweckräume, sondern die großen leeren Kiesflächen des höfisch-adligen Kulturbereichs. Frühe Formen erscheinen Ende des 5. und Anfang des 6. Jahrhunderts. Damals konsolidierte sich gerade das erste japanische

Haus mit Fußboden aus festgestampfter Erde, 18. Jahrhundert

Moderner Steingarten von Nagare Masayuki. Tenrikyo-Gebäude, Tokyo

Kaiserreich: Das Yamato-Reich dehnte sich langsam über den ganzen Archipel aus. Es unternahm starke Anstrengungen zur Hebung der Nationalkultur, und zwar durch Import chinesischen und koreanischen Gedankengutes, darunter die philosophisch-religiösen Systeme Taoismus, Konfuzianismus und Buddhismus, die später Einfluß auf Gartenphilosophie, -formen und -techniken gewinnen sollten.

Anregung und Bereicherung von außen hat seit jeher die japanische Kulturentwicklung – teilweise entscheidend – mitgespeist. Wobei man daran denken muß, daß durch solche Anleihen die entsprechenden einheimischen Elemente nie verdrängt worden sind. Die Einführung chinesischer Gartenpläne und -formen beispielsweise bedeutete nicht das Ende älterer japanischer Pläne und Formen: Beides durfte nebeneinander bestehen. Dies ist ein urjapanischer, bis heute typischer Grundzug. Stilistisch stammt der weiße Kiesvorhof des Kaiserpalastes Kyoto aus der Heian-Zeit (794–1185), baulich aber aus dem 19. Jahrhundert; Symbol für die Art und Weise, wie traditionelle Werte wirksam blieben und durch hinzutretende Neuerungen ergänzt, aber nicht ausgeschaltet wurden.

Wiederholt sei noch einmal: Bei gartengestalterischen Anleihen hat man den Inhalt der Anleihe zuallermeist mißverstanden. Fehl- und Umdeutungen – absichtliche und unabsichtliche – verbanden sich befruchtend mit der eigenen japanischen Gartenkultur und erzeugten neue Formen. Es mag stimmen, daß, wie von mancher Seite behauptet, solches ›Übernehmen ohne Verstehen‹ von eklatanter Unfähigkeit zu originärem Denken zeugt. Ironischerweise vermochten aber die Japaner – indem sie gar nicht erst den Versuch machten, die den entliehenen Gartenstilen zugrundeliegende Philosophie zu verstehen, und indem sie sie oberflächlich verdrehten und mißdeuteten – fremdes Kulturgut zu assimilieren und gleichzeitig das eigene intakt zu halten.

So sind in allen historischen Epochen immer wieder neue Formen entstanden: die Gärten mit künstlichem Hügel und Teich der Nara- und Heian-Zeit (646–1185), die trockenen Stein-und-Kies-Gärten der Muromachi-Zeit (1333–1568), die weiträumigen, zum Wandeln angelegten Feudalgärten der Edo-Zeit (1615–1868). In keinem Falle wurden dabei alte Formen und Stile dem Neuen geopfert. Altes und Neues – und in jüngerer Zeit: Östliches und Westliches – haben sich in Japan stets nebeneinander abgelagert, nicht übereinander wie Kulturschichten, die man bei archäologischen Grabungen findet. In der Geschichte der japanischen Gartenkunst stehen Alt und Neu, Orient und Okzident nebeneinander wie Bücher im Regal: stets griffbereit, um herangezogen und gelesen – und fehlgedeutet – zu werden.

INSELN DER EWIGEN SELIGKEIT

Eine Frühform des japanischen Adelsgartens wies als zentrales Element einen Teich auf, fast immer geschmückt mit Inseln, Symbol für das Meer und das ›ewige Land‹ (Tokoyo) und die drei Inseln der Seligen: Horai, Hojo und Eishu.

Frühe Einwanderer sind in der Eiszeit möglicherweise über eine Landbrücke von Asien her nach Japan gelangt, andere sehr wahrscheinlich von Süden her auf warmen Meeresströmungen mit kleinen Booten gekommen. Die See: trennende Grenze, aber auch Straße für wagemutige Einwanderer. Diese Völkerströme haben sich vermischt zum heute homogenen japanischen Volk. Und seit Urzeiten glaubt dieses Volk, daß irgendwo, draußen im Meer, das mystische Land Tokoyo liegt.

Wann diese Legende entstand, ist unklar. Die Annalen *Nihon shoki* (720 zusammengestellt) enthalten eine Geschichte über einen Zwerg namens Sukunahikona-no-kami, der mit dem Gott Okuninushi-no-mikoto die unter-himmlische Welt geschaffen hat; ihm wird die Erfindung des Badens in heißen Quellen, der Heilkunst und des Reisweingärens zugeschrieben. In einer Version des Mythos erklimmt Sukunahikona-no-kami einen Hirsehalm und wird von dort aus zum ewigen

Insel der Seligen. Motiv auf einer Vase, die 767 dem Tempel Todai-ji, Nara, geschenkt wurde

Schildkröteninsel- (oben) und Kranichinsel-Steinsetzung. Funda-in, Kyoto

Land versetzt. Im alten Märchen von Mizue no Urako (besser bekannt als Urashima Taro) wird der Held von einer Meeresschildkröte vor dem Ertrinken gerettet und zum Land Tokoyo gebracht. Über die Herkunft des Namens gibt es verschiedene Deutungen. Inhaltlich war Tokoyo aber stets ein ferner Ort draußen im Meer, der Wirklichkeit entrückt, geheimnisumwoben, frei von Unglück und Tod.

Durch den Einfluß des Taoismus, ungefähr im 6. Jahrhundert aus China kommend, wandelt sich das Bild: Tokoyo nähert sich nun der chinesischen Idealvorstellung vom ›Land der Weisen‹ an, wo niemand alt wird und stirbt. Immer noch liegt es weit draußen im Meer. Der Vogel dieses mystischen Landes war der Kranich, der als Götterbote galt. Auf den Inseln der Seligen – Horai, Hojo und Eishu – wuchsen Bäume, deren Früchte das Leben verlängerten. Sogar die Insekten dort hatten wunderwirkende Kraft. Es war das Reich, wo unsterbliche Weise wohnten, ausgestattet mit hohen übernatürlichen Gaben.

Die japanischen Aristokraten lebten nun aber in der Region Nara, durch die umgebenden Berge vom Meeresblick abgeschnitten. Aus dem Wunsch heraus, eine Verbindung zum ewigen Land zu schaffen, das sie jenseits der Wasser wähnten, und um ihr Fernsein von der See zu kompensieren, schufen sie sich Residenzgärten, die Teiche und künstliche Inseln enthielten.

Die freie Kiesfläche blieb für Zeremonialzwecke unverzichtbar, und auch nach Einführung der neuen Symbole für das Paradies fern im Meer blieb die Zeremonialfläche intakt: der Teich wurde außerhalb der Fläche angelegt. In ihm erhoben sich künstliche, symbolträchtige Inseln *(shima)*, die dieser Art Garten den Gattungsnamen gaben: *shima*. Den Teichzufluß bildete ein Bach, der theoretisch von Ost nach West hätte fließen müssen; die ›Umdeutung auf japanisch‹ machte aber praktisch jede Fließrichtung möglich.

Das *Nihon shoki* und die Gedichtanthologie *Manyoshu* (8. Jahrhundert) enthalten Beschreibungen eines solchen ›Teich mit Insel‹-Arrangements im Garten des Höflings Soga no Umako (gest. 626?) in Shima-no-sho, im Dorf Asuka in der heutigen Präfektur Nara. Soga no Umako war eine ungewöhnliche, sehr einflußreiche Persönlichkeit. Durch seine Beziehungen zum Kaiserhaus und sein Eintreten für den Buddhismus – einen damals ›neuen‹ und umstrittenen Import aus China – überwand er seine politischen Gegner, die Monobe-Sippe, und konnte sogar den Kaiser Sushun ermorden lassen (592?). Dabei hatte er selbst mitgeholfen, Sushun auf den Thron zu bringen; später überwarf er sich mit ihm. Umako baute auch den Hoko-ji, den ersten buddhistischen Tempel auf japanischem Boden.

Obwohl durch Ackerbau heute alle Spuren verwischt sind, kann man davon ausgehen, daß ein Mann seiner Stellung und seines Einflusses eine prachtvolle Privatresidenz für sich angelegt hat. Die Eintragung für das Jahr 626 im *Nihon shoki* beschreibt den Garten seines Hauses und nennt Umako »Minister der Inseln«; ein Gedicht im *Manyoshu* erwähnt Umakos Teich, wo er bunte Mandarinenten hielt und wo man im Frühling die weißen Blüten der *Pieris japonica* bewundern konnte.

Nach dem Sturz der Soga-Sippe diente Umakos Haus als Residenz des Kaisers Temmu (gest. 686?), dann des Prinzen Kusakabe (662–689). 682 wurde dem Prinzen eine rote Schildkröte geschenkt und im Teich ausgesetzt. Wie der Kranich, gilt die Schildkröte als Symbol der Langlebigkeit, und da die rote außerdem hohen Seltenheitswert hatte, hoffte man, das Geschenk werde dem Prinzen Glück und langes Leben bringen. Er starb jedoch, noch keine 30 Jahre alt, an einer Krankheit. Einige seiner Wächter schrieben eine Elegie auf seinen Tod, die in die *Manyoshu*-Anthologie eingegangen ist. Von ihren mehr als 20 Versen lauten zwei:

Jetzt, wo du fort bist, wächst an den Felsblöcken der Insel Gras, das es noch nicht gab, als du noch bei uns weiltest.
Werden wir ihn wiedersehen, den azaleenüberfluteten Pfad am felsgesäumten Wasser des Teichs?

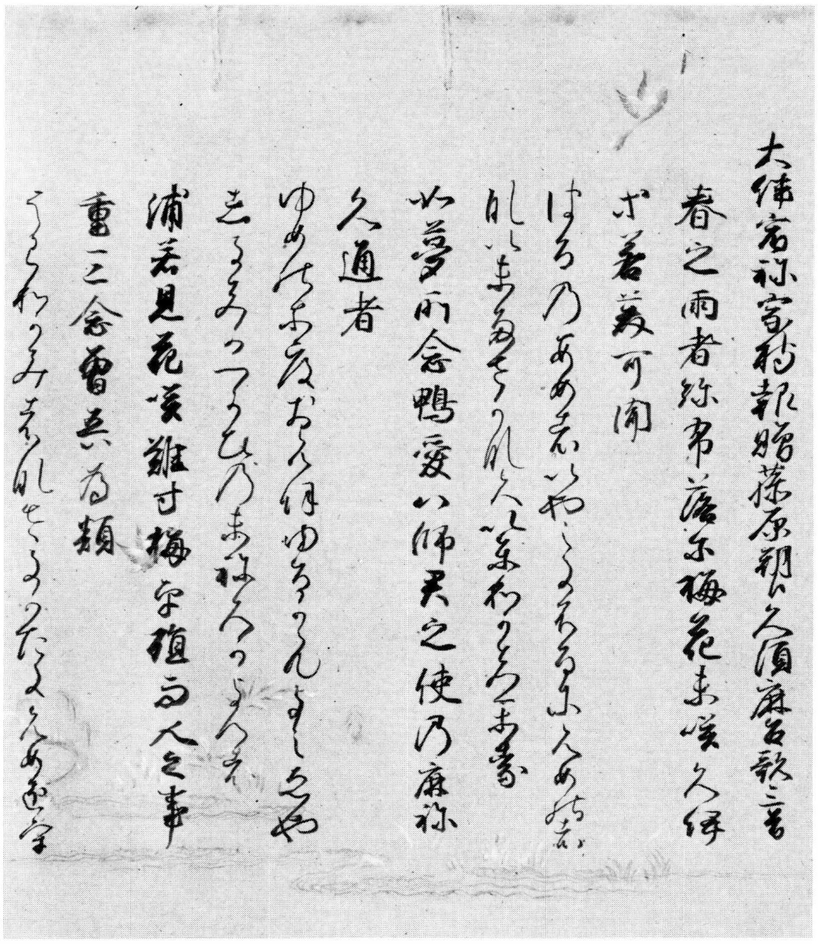

Gedichtsammlung »Manyoshu«, Ausschnitt. Manuskript aus der Heian-Zeit

Nordwestküste von Shikoku, in der Nähe der Inlandsee

AUSBILDUNG DES UR-TYPUS

Auf zweierlei läßt das Zitat schließen. Erstens auf einen Teich mit Insel(n) als Gestaltungselement, worin die einheimische Vorstellung vom ewigen Land Tokoyo mit importierten chinesischen Vorstellungen vom Reich der unsterblichen Weisen verschmilzt. Und zweitens läßt die Nennung von Felsen, Gras und Azaleen darauf schließen, daß solche Gartenszenen idealisierte Versionen von Naturszenen – von Küsten-, Binnen- und Gebirgslandschaften – darstellten.

Zur Bindung an religiöse Werte und Hoffnungen kam nämlich die Inspiration durch landschaftliche Schönheiten, welche die Adligen auf ihren Reisen zu Schiff und zu Pferde zu sehen bekamen, wenn sie sich als Provinzstatthalter und Gesandte in entlegene Teile des Landes begaben. Das erste große Panorama, das sich ihnen bot, war meist wohl Setonaikai, die japanische Inlandsee mit ihren zahlreichen Inseln: Über 400 Kilometer lang, war dies die Wasserstraße, die alle Reisenden nach Westjapan – und darüber hinaus nach Korea und China – nehmen mußten. Schöne Erinnerungen daran und der Glaube an Tokoyo und andere Legenden der ewigen Glückseligkeit haben sicher eine Rolle gespielt bei der Gestaltung der Gärten, die sie sich – zurückgekehrt – zu Hause in der Hauptstadt schufen.

Der Gemütszustand derer, die mit beglückenden und elegischen Reminiszenzen aus der Ferne zum Kaiserhof heimkamen, läßt sich erahnen am Beispiel von Otomo no Tabito (695–731). Ihm unterstand ein außenministeriales Amt *(dazaifu)* auf der Insel Kyushu. 730 kehrte er, zum Großrat *(dainagon)* aufgestiegen, nach Nara zurück. Und zwar im September, wenn das Jahr alt zu werden beginnt. Er war damals 35, hatte zwei Jahre zuvor seine geliebte Frau Otomo no Iratsume verloren und lebte in Einsamkeit. Ich glaube ganz bestimmt, daß das Bild der Inlandsee, verschmolzen mit manch anderem Gesehenem, vor seinem geistigen Auge stand, als er in Nara den Garten wieder erblickte, den er in glücklicheren Zeiten mit seiner Frau angelegt hatte, und den Vers dichtete: »Hoch wachsen nun die Bäume, Geliebte, im Garten [*shima*], den wir damals schufen.«

Gegen Ende der Nara-Zeit löste sich das bisher bestehende Landbesitzsystem auf, und große Herren- und Rittergüter fielen an Tempel, Schreine, Adelsfamilien. Die neuen Besitzer mußten sich natürlich hin und wieder um die Verwaltung der Güter kümmern. Dazu waren ausgedehnte Reisen notwendig: Aristokratische Augen lernten nicht nur die Setonaikai-Inlandsee, sondern noch viele andere malerische Landschaften Japans kennen. Impressionen, die rückwirkend die Gartenkultur in der Hauptstadt beeinflußten. Der kaiserliche ›Minister zur Linken‹, Monamoto no Toru (822–895), bildete beispielsweise in seinem Garten Inselszenen nach, die dem föhrenbestandenen Inselpanorama bei Shiogama glichen, 640 Kilometer nördlich in der Provinz Mutsu. Um das Jahr 1035 schuf Onakatomi no Sukechika bei seiner Residenz Rokujo-in ein Abbild der berühmten Landzunge Ama no Hashidate (an der Küste bei Tango). Die beiden Vorbilder zählen noch heute zu den drei schönsten Landschaften Japans.

In beiden Fällen trägt der Teich – wie in den Gärten im Gartenbuch *Sakutei-ki* von Tachibana no Toshitsuna, 11. Jahrhundert – noch Meeressymbolik. Doch es ist bereits eine leichte Bedeutungsverschiebung zu bemerken. Zuvor hatten religiöse oder quasi-religiöse Gesichtspunkte stets den Teich mit Insel gewissermaßen diktatorisch zum Mittelpunkt des Adelsgartens erhoben. In späterer Zeit wird die Bindung an Religiöses zwar nicht preisgegeben, aber Teiche, Inseln, Pflanzungen sind jetzt ebensosehr auch ästhetisches Objekt (Suggestion berühmter Landschaften, besonders der in der klassischen Literatur erwähnten) und nicht mehr nur Symbol für das Streben nach ›überirdischer‹ Seligkeit und ewigem Leben.

Einfluß auf die Gartengestaltung der Zeit hatte auch die zunehmende Verstädterung. Eine Zeitlang war es, nachdem Heiankyo (das heutige Kyoto) 794 Hauptstadt geworden war, noch möglich, auf den Gütern und in den Parks des Adels auf Jagd zu gehen. Dann dehnten sich die Stadtbaulichkeiten

Ama no Hashidate

Nachbildung der Landzunge Ama no Hashidate im Garten der Villa Katsura, Kyoto

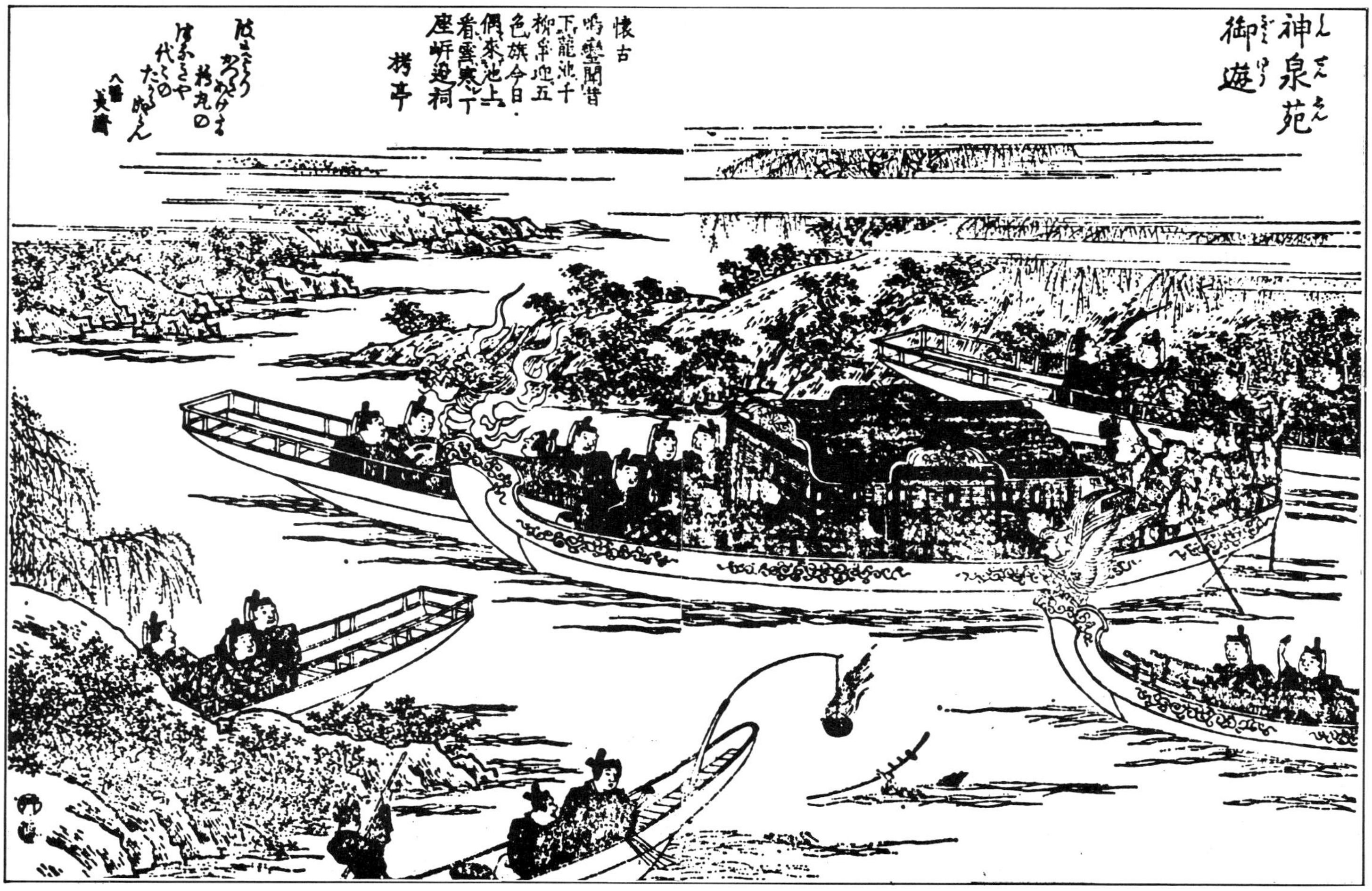

Heian-Höflinge auf dem Teich des Gartens Shinsen-en. Aus einem Reisebuch der Edo-Zeit

immer weiter aus, die unberührten Waldstücke schrumpften. Bald mußten sich Kaiser und Höflinge vor die Stadt hinaus begeben, wenn sie noch frei atmen wollten. Die städtische Randlandschaft war damals fast noch ›jungfräuliche Natur‹: nur hin und wieder ein Bauernhaus; kristallklare Bäche flossen durch offene Felder voller Blumen; Berge und Hügel waren dicht bewachsen mit Rotfichten und Laubwald. Um solche Schönheit ›hereinzuholen‹ in die Enge der Stadtgärten, umgeben von massiven verputzten Lehmmauern mit Ziegeldach, bedienten sich die Adligen ›normaler‹ Bäume, Gräser, Steine, Bachläufe – Kunstwerke der Natur, wenn dieser Begriff erlaubt ist –, und schufen mit diesen Elementen idealisierte Naturlandschaften.

Gärten dieser Art verschmolzen mit den von den Zeremonial-Vorhöfen und Schrein-Höfen abstammenden Gärten schließlich zum Urbild des japanischen Gartens: *teien* (*tei* = die offene Kiesfläche; *en* = der bepflanzte Garten), aus dem sich alle späteren japanischen Gartenstile entwickelten.

ASSIMILATION FREMDER GÖTTER

Zwei Daten werden meist für die Einführung des Buddhismus nach Japan angegeben: 538 und 552. Aber auch vorher haben mit hoher Wahrscheinlichkeit schon koreanische Einwanderer in Japan den Buddhismus praktiziert, wenn auch nur unter sich und ohne große Tempelanlagen. Im 6. Jahrhundert unter Kaiser Kimmei (510–570), als Japan seinen letzten Stützpunkt in Korea einbüßte, wurde die Religion offiziell ins Land geholt, worüber zwischen den Sippen Mononobe und Soga ein tödlicher Streit entbrannte. Auf die Gartenkunst hatte der Frühbuddhismus zunächst noch keinen Einfluß.

Interessant waren für Japan anfangs eigentlich mehr die ›außerreligiösen‹ Komponenten des Buddhismus. Einmal die Schrift: Eine japanische Schrift gab es noch nicht. So war man begierig darauf, die chinesischen Schriftzeichen zu erlernen, in denen die buddhistischen Texte abgefaßt waren. Ferner war man fasziniert von goldenen buddhistischen Götterbildern, kunsthandwerklich feinem Kultzubehör, lebhaft leuchtendrot bemalten Tempeln – eine für Japan neue Bauästhetik. Den Fremdgott Buddha scheinen die Japaner relativ nahtlos in ihren eigenen Götterhimmel integriert, ja als Teil desselben betrachtet zu haben, im wesentlichen ein Versuch, den Buddhismus zu assimilieren und das eigene Götterpantheon dabei intakt zu halten.

Der erste echte Buddhistentempel in Japan war der Hokoji, der Schutztempel der Soga-Familie, erbaut zwischen 585 und 609 mit technischer Hilfe aus Korea. (Der Horyu-ji, der älteste heute erhaltene buddhistische Tempel Japans, wurde 607 für Kronprinz Shotoku erbaut, brannte aber später ab. Das älteste der heutigen Tempelgebäude stammt aus dem Jahr 670.)

Nach 645, als die alte Tradition der Sippenherrschaft gebrochen und ein Beamtenstaat nach chinesischem Muster errichtet wurde, kam der Buddhismus als staatstragende Kraft wie gerufen. Im Gegensatz zum Shintoismus, der in seiner primitiven Form überhaupt kein Lehrgebäude hatte, kam der Buddhismus mit einem fertigen, Sippen- und Regionsgrenzen transzendierenden System ins Land, maßgeschneidert für eine nationale Obrigkeit, die sich zu konsolidieren suchte. Nicht mehr der Clan oder die Familie, sondern Buddha gab dem einzelnen Menschen Sinn und Wert. Buddhas Segen bestimmte das menschliche Lebensglück; Gebete an Buddha sicherten Frieden und Wohlergehen der Toten.

Durch dieses Bündnis mit der transzendenten Gewalt suchte die Staatsgewalt sich über alle anderen sozialen und politischen Institutionen in Japan zu erheben. Als äußerlich sichtbares Zeichen dafür gab der Kaiser eine Reihe Tempelbauten in Auftrag; der erste war der Kudara-tai-ji (begonnen 639). 677 wurde der erste der sogenannten offiziellen Tempel, der Taikan-tai-ji (später Daian-ji genannt), fertiggestellt.

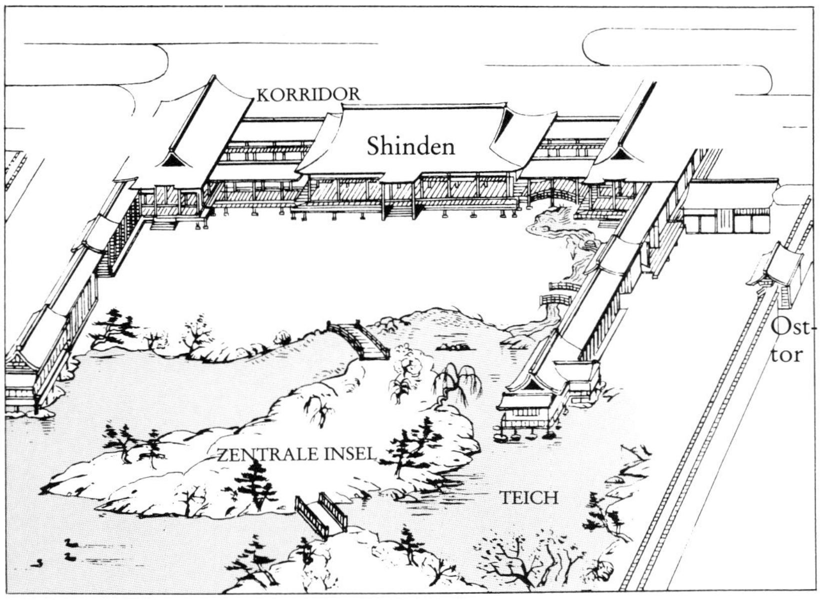

Typische Heian-Anlage im sogenannten ›Shinden‹-Stil: mit Pavillons, Brücke, Teich, Insel und Zierbepflanzung

Yume-Tage Kannon, buddhistische Figur, Tempel Horyu-ji (Kyoto). Etwa 7. Jahrhundert

Ihren Gipfel erreichte die kaiserlich-staatliche Tempelbauwelle mit der Errichtung des Todai-ji in der damaligen Hauptstadt Nara. Die Haupthalle (Daibutsu-den) dieses Tempels ist noch heute das größte Holzbauwerk der Welt. 749 wurde mit dem Bau begonnen. Wegen seiner Bedeutung als Symbol der Einigkeit der Nation unter dem Buddhismus – und damit auch unter dem Kaiserhaus – suchte man den Tempelbezirk in jeder Beziehung so groß und prächtig wie möglich zu machen. Neben der riesigen Haupthalle besaß er zahlreiche imposante Nebengebäude, weitläufige überdachte Korridore und zwei siebenstufige, 100 Meter hohe Pagoden, jede in einem eigenen abgegrenzten Bezirk.

Auch in dieser Pracht und Herrlichkeit hatte der Buddhismus auf die Gartenkunst als solche noch keinen Einfluß. Die Tempel waren mit Mauern umgeben, die Höfe schlichte Kiesflächen. Selten nur wurden die Tore geöffnet, das gemeine Volk durfte nicht hinein. Hauptanliegen der Obrigkeit war, daß die majestätischen Tempelhallen und Türme die umliegenden Gebäude und Wälder überragen sollten: Symbol für die Segnungen des Buddha und die Unterwerfung des Volks unter die bestehende politische Ordnung.

794 wurde die Hauptstadt aus dem Nara-Becken nach Heiankyo verlegt, dem heutigen Kyoto. Im 9. Jahrhundert vollzogen sich Neuentwicklungen im japanischen Buddhismus und seinen Tempelbauten. Zwei große japanische Priester gingen Anfang des 9. Jahrhunderts auf Studienreise nach China und brachten die Lehren, denen sie dort begegneten, in die Heimat: Kukai (774–835) die Mantra-Lehren, auf die er die Shingon-Sekte gründete, und Saicho (767–822) die Tiantai-Lehren, die zur Grundlage des japanischen Tendai-Buddhismus wurden.

Shingon zählt zum ›esoterischen‹ Buddhismus, wo die Erleuchtung von Ritualen abhängt, über die nur die Priesterschaft verfügt. Auch der Tendai-Buddhismus nahm immer mehr Geheimelemente auf, bis er schließlich ebenfalls zur esoterischen Sekte wurde. Der Ansatz ist emotional: Gläubige

Daibutsu-den, Haupthalle des Todai-ji, Nara

Luftbild des Enryaku-ji auf dem Hiei-Berg, Kyoto

erreichen den erwünschten Geisteszustand, indem sie in von flackernden Öllampen beleuchteten düsteren Hallen sitzen und Priestern lauschen, die Sutren singen, vor einem Ritualfeuer *(goma)*, das reinigend das Böse austreibt. Die Shingon-Sekte hat darüber hinaus ein umfangreiches Pantheon von Göttern; dies scheint gegen die Grundlehren des Buddhismus zu verstoßen, wonach der Mensch im wesentlichen selbst für sein Heil sorgen muß und nicht auf Hilfe ›von außen‹ bauen darf. Nun ist aber der esoterische Buddhismus in seinen Anfangsstadien, als er sich von Land zu Land verbreitete, auf viele einheimische Kultformen gestoßen. Gegen diese Fremdgötter nahm er weder eine Demuts- noch eine Konfrontationshaltung ein, sondern eher eine assimilierende, vereinnahmende. Das war auch bei der Begegnung des esoterischen Buddhismus mit den Shinto-Gottheiten der Fall.

Der esoterische Buddhismus, streng mönchisch, baute seine Klosteranlagen gern auf Bergeshöhen, rauhem Klima ausgesetzt. 785 erbaute Saicho seinen Haupttempel, heute heißt er Enryaku-ji, auf dem Hiei-Berg nahe Kyoto. Um die Lokalgottheiten nicht zu beleidigen, schloß man einen Kompromiß: Der buddhistische Tempel wurde auf dem Gipfel, der Shinto-Schrein Hie niedriger auf dem Bergeshang errichtet. Theoretische Rechtfertigung fand diese Anordnung später in der Lehre, daß es sich bei Shinto-Gottheiten in Wirklichkeit um Reinkarnationen von Buddhas und Bodhisattvas handele: eine Verschmelzung von Buddhismus und Shintoismus in sehr realem Sinn.

Die esoterischen Tempel waren frei von den überdachten Korridoren und Grenz- bzw. Umfassungsmauern, wie sie die Tempel anderer buddhistischer Sekten aufwiesen. Ihr Tempelbezirk war der heilige Wald, in dem sie standen. Mit anderen Worten, der Tempelbezirk war dem *niwa* der Shinto-Schreine wesensähnlich geworden. Das schuf nun endlich Voraussetzungen, daß buddhistisches Denken – zwei Jahrhunderte nach seiner Einführung in Japan – auf die japanische Gartengestaltung Einfluß gewinnen konnte. Auf dem Gelände

Der Priester Kukai, auch Kobo Daishi genannt

Heiliger Stein in Miwayama, Nara

des shintoistischen Achi-Schreins in Kurashiki, westlich von Osaka, findet sich beispielsweise ein großer, als Gottheit verehrter Granitfels; Gartenhistoriker Shigemori Mirei sieht in dieser Art Stein die entwicklungsgeschichtliche Urform aller späteren Steinsetzungen in japanischen Gärten. Traditionell wurde der Achi-Schrein – typisch für die Fusion von Shintoismus und Buddhismus – vom benachbarten Buddhistentempel Kanruy-ji mitverwaltet. Mit dem Fortdauern dieser Fusion wurde der shintoistische *niwa* zum Bestandteil eines gartenphilosophischen Systems.

PARADIESE AUF ERDEN

Die Kultur der Heian-Zeit (794–1185) war geprägt vom höfischen Leben in Kyoto mit seinen allumfassenden ästhetischen Sensibilitäten. Aristokraten standen als treibende Kraft hinter dem Aufblühen des esoterischen Buddhismus, der zwar ein komplettes Lehrgebäude hatte, dessen Wirkung aber auch ganz entscheidend von seiner Ästhetik abhing: Farben, Strukturen und Formen seiner Zeremonien. Aristokraten waren es, die auf dem allgemeinen Hintergrund des esoterischen Buddhismus den Glauben schufen, daß Buddha all jene, die ihn inständig bitten, erlösen wird von den sechs karma-bestimmten bösen Wegen (Hölle, hungrige Geister, Bestien, Dämonen des Zorns, Menschheit, Himmel) und daß er sie in sein im Westen liegendes Paradies Sukhavati entrückt. Der Tendai-Priester Genshin (942–1017), der die mit dem Sukhavati-Glauben verbundene Kunst stark beeinflußt hat, lehrte, daß man das Gebundensein an die Erscheinungswelt durch die Erkenntnis der dreifachen Wahrheit durchbrechen kann: daß alle Dinge nichtsubstantiell sind, daß ihnen dennoch vorübergehend Wirklichkeit zuwächst und daß der Mittelweg beides transzendiert, das Substantielle und das Nichtsubstantielle. Erlangen dieser Erkenntnis war gleichbedeutend mit sofortigem Gewinnen des Paradieses; daher die philosphische Position, daß Paradiese auf Erden geschaffen werden können.

Taima-Mandala, ca. 9. Jahrhundert. Manuskript aus der Kamakura-Zeit

Eine Position, die dem Kaiserhaus, dem Hofadel und der aristokratischen Kriegerkaste damals sehr entgegenkam. Die alte Sozialordnung zerbröckelte vor ihren Augen; Krieg, Hunger und Naturkatastrophen verheerten das Land. In ihrer Sehnsucht nach ›heilen Welten‹ suchten sie sich eigene Paradiese auf Erden zu schaffen: in Gestalt von Tempeln für den Buddha Amida.

Gewisse Vorlagen für die Paradiesvorstellung boten die Mandala-Kultbilder, aber dabei handelte es sich eben nur um Phantomdarstellungen. Das irdische Paradies mußte in Gärten und Bauten konkrete Form gewinnen: eine Komposition, deren Schönheit auf das Hauptgebäude hinbezogen war, eine am Teich gelegene Halle, die eine Statue des Buddha Amida barg. Von Myriaden Laternen beleuchtet, die die Dunkelheit vertrieben, spiegelte sich das Standbild schimmernd im Wasser. Blumen und Räucherwerk waren vor ihm ausgebreitet. Priesterstimmen, Sutren singend, hallten durch den Raum; Säulen und Decke zierten Gold, Silber und Perlmutt. Geschnitzte Figuren himmlischer Musikanten schienen aus der Höhe herabzuschweben.

Im *Eiga monogatari* (11. Jahrhundert) steht folgende Beschreibung des Paradieses, das der Regent Fujiwara no Michinaga (966–1027) am Tempel Hojo-ji im Jahre 1022 für sich schuf:

Wie Wasserkobolde leuchteten die Steine des Gartens. Lotusblumen trieben auf den Wellen des klaren Teiches; in alle Richtungen spiegelten sich im Wasser das Standbild des Buddha Amida in der Haupthalle, die anderen Hallen, die Sutrenbibliotheken und Glockentürme. Wahrlich, der Ort schien die Welt Buddhas zu sein. Das Laub der Gartenbäume raschelte, obwohl kein Wind wehte, die Blätter blau wie Lapislazuli. Eine Brücke überspannte den Teich der Sieben Kostbaren Substanzen. Auf dem Teichgrund konnte man die anmutigen Zweige von Edelsteinbäumen erkennen. Am Ufer einer kleinen Insel im Teich spielten Pfau und Papagei.

Der Tempelbezirk maß über 200×200 Meter. Darauf erhob sich aus den verschiedenen Nebengebäuden die Amida-Halle,

Byodo-in, Phönix-Halle bei Nacht

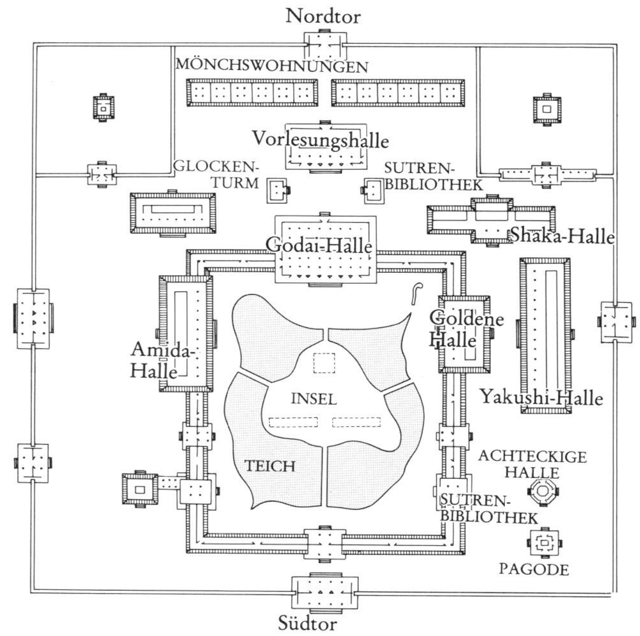

Plan des Tempels Hojo-ji mit Paradiesgarten, um 1020

elf Joche breit, fünf Joche tief. Der innere Hallenteil mit dem fünf Meter hohen Amida-Standbild war goldlackiert und verschwenderisch mit Perlmutt und Edelsteinen ausgeschmückt. Im äußeren Teil der Halle pflegte Michinaga selbst zu meditieren, zu beten und Sutren zu lesen. Neben der Hauptstatue gab es noch neun weitere Statuen des Amida; von ihren Händen gingen bunte Seidenschnüre aus, die in den Händen der Hauptstatue zusammen- und von dort weiterliefen in den Meditationsraum – wo Michinaga, in dieser Aura paradiesischer Pracht, 1027 starb, die Seidenschnüre des Amida fest in der Hand haltend.

Solche Amida-Hallen, architektonische Glanzstücke, lagen stets in Gärten, die ihnen an Schönheit ebenbürtig waren. Interessant auch, einmal zu betrachten, wie solch kostspielige Projekte finanziert wurden und wer die Planer und Ausführenden waren. Die Gelder für Bauten und Gärten kamen von den Aristokraten selbst und von Provinzstatthaltern. Michinaga oblag die Besetzung der Statthalterämter; wer ernannt werden wollte, baute als Gegenleistung eine Halle oder einen Tempel oder ließ für Michinaga gartentechnische Arbeiten ausführen.

Entworfen und gebaut wurden die Gärten von rangniedrigen Priestern der esoterischen Buddhistensekten, den sogenannten »steinsetzenden Priestern« *(ishitateso)*. Einige ihrer Namen und die Gärten, an denen sie arbeiteten, sind bekannt. Die meisten dieser Priester gehörten zum Tempel Ninna-ji, damals einem der angesehensten Tendai-Tempel. Die enge Verbindung zum Gartenbau zeigt sich unter anderem darin, daß Shinren-in, ein Subtempel des Ninna-ji, einen Rollentext über Gartenplanung und -anlage besaß: *Senzui narabini yagyo no zu* (Bilder von Landschaften und Feldern).

In Priesterhand lag die Gartenschöpfung in der fraglichen Zeit deshalb, weil man für die Arbeit buddhistische Philosophie und Regeln kennen mußte. Und niederen Ranges waren die Priester, weil bis zum Ende des 16. Jahrhunderts alle

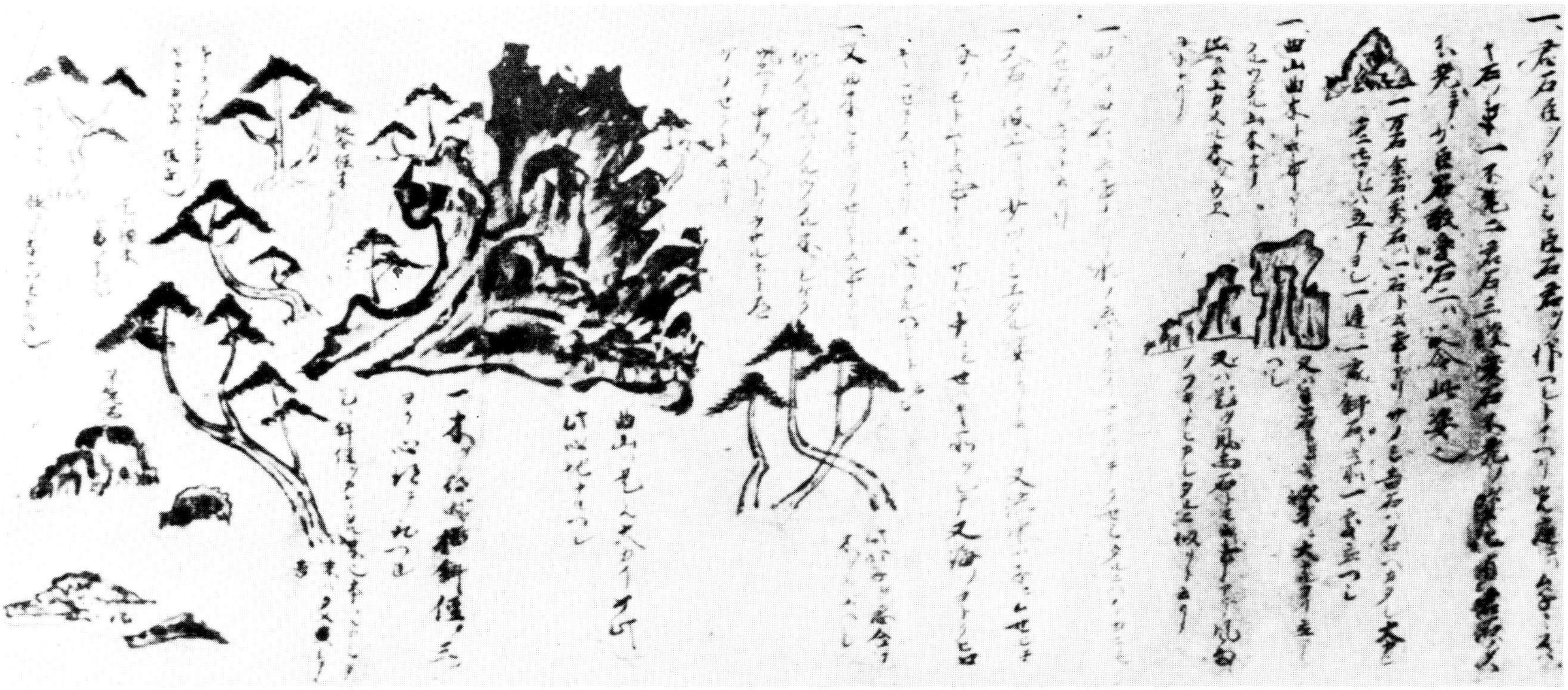

Illustration aus »Senzui narabini yagyo no zu« mit Beschreibung von Pflanzen- und Steinformen

Arbeit, die mit Erde zu tun hatte – Brunnenbau, Bau von Brennöfen, Wandverputz, Straßenbau usw. –, als erniedrigend galt und ausschließlich den unteren sozialen Schichten vorbehalten war. Vielleicht ist Ninna-ji in der Gartenkunst so hervorgetreten, weil der Tempel enge Beziehungen zum Kaiserhaus wie auch zahlreiche eigene Subtempel hatte, die viel Gelegenheit zur Landschaftsgestaltung boten; vielleicht auch, weil in der Nähe geeignete Bäume und Steine in Fülle vorhanden waren.

Jedenfalls erlebte im Buddhismus der ›Paradiesgarten‹ eine Hochblüte, vom Ende des 12. bis Anfang des 14. Jahrhunderts beherrschte er das Bild. Dies war der erste der stark buddhistisch geprägten Gartenstile Japans. Und als er ausstarb, lag das nicht etwa daran, daß der esoterische Buddhismus oder der Glaube ans Paradies des Buddha Amida an Kraft verloren hätten: Er starb aus, weil die Kriegerkaste, die dem Hofadel inzwischen die Macht entrissen hatte, die strenge Zucht und Disziplin des Zen-Buddhismus und damit auch den Zen-Garten vorzog: schlichte Arrangements von Steinen und Kiesflächen, das ganze Universum symbolisierend.

DER SHOGUN UND DER GEÄCHTETE

Das Jahr 1428 brachte Hunger und Pestilenz. Es brachte auch den ersten Bauernaufstand der japanischen Geschichte: gegen das Ashikaga-Shogunat. Der Aufstand begann, als Bauern aus der Provinz Omi (heute: Shiga) Stundung ihrer Schulden bei Pfandleihern verlangten. Eine schwierige Zeit für das Shogunat – auch in anderer Hinsicht. Das Kaiserhaus hatte sich in zwei rivalisierende Höfe gespalten, einen in Kyoto und einen auf dem Berg Yoshino südlich von Nara. Der Hof in Kyoto behielt schließlich die Oberhand, aber versprengte Anhänger des Yoshino-Hofes und shogunatsfeindliche Marodeure überfielen die Hauptstadt und richteten große Verheerungen an. Am Ende vermochte der – politisch nun ohnmächtige – Kaiser wenigstens symbolisch sein Prestige zu retten; die Shogunatsregierung behauptete sich, wenn auch angeschlagen.

Herrschende Klasse waren die Krieger, und sie ließen den Tempeln des Zen-Buddhismus großzügige Förderung zukommen. Diese Tempel wuchsen an Größe und Einfluß; sie wurden kulturelle und sittliche Leitinstanz für die Kriegerkaste.

Im besagten Jahr 1428 findet sich in dem Text *Kennaiki* eine für die Entwicklung des Zen-Gartens aufschlußreiche Bemerkung eines gewissen Madenokoji Tokifusa: »Früher durften Geächtete *(kawaramono)* im Kaiserpalast Gartenarbeit tun; da sie unrein sind, wird das aber seit letztem Jahr nicht mehr erlaubt. Dieses Jahr werden für die körperlichen Arbeiten beim Palastgartenbau nur noch Angehörige der *shomoji*-Klasse zugelassen.«

Kawaramono und *shomoji:* sie waren Angehörige der untersten, verachteten Kaste, die statt Steuern Frondienst leisteten. Letztere hatten noch einen etwas höheren sozialen Status als die ersteren. *Kawaramono* heißt wörtlich Leute *(mono),* die in der Niederung *(kawara)* des Flusses Kamo und, in wesentlich geringerer Zahl, des Flusses Katsura lebten. Ihr soziales Ausgestoßensein resultierte aus ihrer Arbeit: Häuten von Pferden und Rindern, Gerben des Leders für Rüstungen. Der Handel mit Tierhäuten galt als verächtlich, aufgrund des buddhistischen Tötungsverbotes. Die *shomoji* – die ihren Lebensunterhalt dadurch verdienten, daß sie von Tür zu Tür gingen und zum Wohle der Bewohner Sutren rezitierten – standen dagegen noch eine Stufe über den gewöhnlichen Bettlern. Dieser Rangunterschied reichte, um die *kawaramono* von der Palastgartenarbeit auszuschließen; die *shomoji,* nicht vom Umgang mit Tierkadavern befleckt, wurden zugelassen.

Beide Gruppen hatten seit uralter Zeit einen noch niedrigeren Status als die bereits erwähnten steinsetzenden Priester. Bis 1424 übergeht die Geschichte sie ganz mit Stillschweigen; erst in diesem Jahr nennt sie das *Kammon nikki* als Menschen, die in den Adels- und Tempelgärten Kyotos herumgehen und Bäume aussuchen, die in den Garten des Kaisers verpflanzt werden sollen. Daß auf einer solchen Mission – unerhörterweise – *kawaramono* den Kaiserpalast betreten haben, mag der Anlaß für oben zitiertes Verbot gewesen sein.

Ryoan-ji, Kyoto. Aus einem Reisebuch der Edo-Zeit

Allmählich aber entwickelten sich Mitglieder dieser Geächtetenkaste zu angesehenen Gartenschöpfern und Spezialisten: sie traten schließlich an die Stelle ihrer Vorgänger, der steinsetzenden Priester. Bewirkt und unterstützt wurde diese Entwicklung in hohem Maße von den Zen-Priestern, unter deren Patronat sie arbeiteten und die sie in der Zen-Philosophie unterrichteten.

Ein Beispiel: Matashiro, ein Gerber, der zum Gartenschöpfer aufstieg. Um sich gesellschaftlich zu emanzipieren, ging er daran Gärten zu schaffen, die man ob ihrer schöpferischen Imagination bewundern sollte. Er studierte die einschlägige Literatur, Geschichte und Landschaftsgestaltung, und konnte seine gartenkünstlerischen Theorien einflußreichen und mächtigen Gönnern schmackhaft machen.

Ein Priester namens Ranpa vom Subtempel Senkan-in am Nanzen-in – dem berühmtesten Zen-Tempel in Kyoto – fragte Matashiro, wie man einen Baum wiederbelebt, der abzusterben droht. Matashiros Rezept: Ein Papier mit einem Zitat aus dem 25. Kapitel der Lotus-Sutra (»Der Nektarregen des Gesetzes beseitigt alle Täuschungen, die der Erleuchtung im Wege stehen«) unter den Baumwurzeln vergraben, das macht den Baum wieder lebendig. In einem anderen Tempel in Kyoto baute Matashiro in der Südwestecke des Gartens einen Wasserfall und ließ ihn in einen Bach münden, der in west-östlicher Richtung floß. Nach allen altehrwürdigen Gartentheorien durften aber Bäche nur aus Osten oder Nordosten kommen, aus den ›günstigen‹ Richtungen. Gefragt, warum er die umgekehrte Richtung gewählt habe, erwiderte Matashiro, das sei erlaubt, weil es ja heiße, das Gesetz Buddhas gehe im Westen auf und dehne seinen Einfluß langsam nach Osten aus. Eine de facto unbegründete Ansicht, aber die Zen-Priester müssen mit Verblüffung vernommen haben, wie ein Geächteter Sutren und andere buddhistische Lehren zitierte. Solche Hochachtung brachten sie ihm entgegen, daß ihm Keijo Shurin, ein großer Gelehrter und Hauptpriester des Shokoku-ji, 1504 die Ehre eines buddhistischen Namens verlieh: Jifuku.

Menschen wie Matashiro waren nicht nur sozial gehandicapt, sondern auch dadurch, daß ihnen die überkommenen geheimen schriftlichen Traditionen verschlossen blieben, die den steinsetzenden Priestern ›Authentizität‹ verliehen. Daher mußten sie eigenschöpferisch tätig werden, mußten kreativer werden als ihre Vorgänger. Fördernden Beistand erhielten sie von den Zen-Priestern, die zu ihren Patronen und philosophischen Mentoren wurden. Der aus der Zusammenarbeit dieser beiden Gruppen entstandene Gartenstil heißt *kare sansui*, wörtlich »verdorrte Steine und Wasser«, meist aber mit Stein- und-Kies-Garten oder Trockenlandschaftsgarten übersetzt.

Der erste Geächtete, der zu einem führenden Gartenkünstler dieser Tradition wurde, war Zen'ami (1386–1482). Eigentlich hieß er anders (sein wirklicher Name ist heute unbekannt); Zen'ami ist eine buddhistische Benennung, die ihm verliehen und im Zusammenhang mit Gartenbau gebraucht wurde: das *ami* bedeutete eine Art Titel, den – vergeben von der Buddhistensekte Jishu – jedermann aus niederer Klasse tragen mußte, der für den Shogun, den Adel und den ranghohen Klerus arbeiten wollte. Ein gesuchter Titel für Kunsthandwerker, Dichter, Kunstkritiker und andere, die in der neu aufblühenden Kultur der Zeit eine Rolle spielten. Das Interesse am *-ami* hinter dem Namen war praktischer, nicht religiöser Natur; viele, die den Namen von der Jishu-Sekte bekamen, gehörten nominell anderen buddhistischen Richtungen an. Auch erfolgte die Namensverleihung nicht gratis. Der Anwärter mußte sich als Kenner buddhistischer Lehre ausweisen und Schreibkunst und Kalligraphie beherrschen. Er mußte eine mündliche Prüfung ablegen und schließlich noch eine große Geldsumme spenden. Daß Zen'ami einen solchen Namen hatte und in den Quellen so genannt wird, zeigt, daß er, als er ihn empfing, bereits ein arrivierter, einflußreicher Gartenmeister war.

Zen'amis größter Gönner war der Shogun Ashikaga Yoshimasa (1436–1490). Yoshimasas eigene Position war rein repräsentativ, ohne politische Macht; dafür war er von Jugend an ein großer Freund der neuen Kunst und Kultur,

Ashikaga Yoshimasa

die er um sich aufblühen sah. Als er vom Shogun den ersten gartenbaulichen Auftrag bekam, war Zen'ami 73, Yoshimasa 22 Jahre alt. Vielleicht erklärt sich die Freundschaft zwischen beiden gerade daraus, daß Zen'ami als Ausgestoßener mit Flüchtlingen von Bauernaufständen in einer Flußniederung lebte, wo in Hungerzeiten Leichen hingebracht wurden (um die 80 000 allein in der Kansho-Hungersnot 1460–1466), und aus der politischen Ohnmacht des Shogun. Kaum nachvollziehbar, welche Gedanken Zen'ami durch den Kopf gegangen sein mögen, als er in seinem Heim am Fluß, umgeben von Not und Tod, gartenkünstlerischen Überlegungen nachging.

Zu Zen'amis Arbeiten zählen viele Entwürfe bzw. Umgestaltungsentwürfe für die Subtempel des Familientempels Shokoku-ji des Shogun und zahlreiche mit dem Shogun und dem Adel verbundene Institutionen ähnlicher Art in und um Kyoto und Nara: die Residenz des Shogun (1459) und die Residenzen der Äbte von Daijo-in (1460), Suiin-ken (1466), Onryo-ken (1458) und Chu-in (1471).

Ungeachtet seines Ehrentitels gehörte Zen'ami doch zu den sozial Unberührbaren und mußte weiterhin in deren Wohngebieten leben. Mißachtung dieser Vorschrift brachte ihn einmal in große Gefahr. Als er am Daijo-in arbeitete, einem Garten des Tempels Kofuku-ji in Nara, bekam er ein Wohnhaus zugewiesen, das nicht im Getto lag. Damals behauptete sich eine Art Kastensystem in den zehn Geächteten-Vierteln von Nara, und niemand wollte einen *kawaramono* beherbergen, den Niedrigsten der Niedrigen. Man mußte für Zen'ami auf einem leeren Stadtgrundstück ein eigenes Haus bauen. Daran nahmen die Priesterkrieger des Kofuku-ji Anstoß, überfielen das Haus in der vollen Absicht, es dem Erdboden gleichzumachen. Daß er für den Kofuku-ji arbeitete, rettete ihn schließlich, und der Konflikt wurde gütlich beigelegt.

1476, im Alter von 91 Jahren, wurde Zen'ami die absolut höchste Ehre für einen Menschen seines Standes und Berufs zuteil: Man übertrug ihm die Gestaltung eines Teils des Südgartens am Kaiserpalast. Zwar hatten vorher schon andere *kawaramono* für allerhöchste Instanzen Gärten gebaut: 1430 beispielsweise den Palastgarten des Exkaisers, und Anfang des 15. Jahrhunderts die Wasserfall- und Steinkomposition eines Gartens des kaiserlichen Prinzen Fushimi no Miya Sadafusa. Aber Zen'ami war der erste, der für einen amtierenden Kaiser an einer so bedeutenden Stelle wie dem Südgarten des Palastes – gewissermaßen im Allerheiligsten – arbeiten durfte. Damit hatten sich die Geächteten endgültig gegen die steinsetzenden Priester als Gartenschöpfer durchgesetzt.

Über die Relation zwischen Gartenkunst/Gartenkünstlern und Zen-Priestern bleibt verschiedenes nachzufragen. Wieso interessierten sich die Priester derart für eine Tätigkeit, die zwangsläufig mit niederer Erdarbeit verbunden und bisher höchstens für untere Priesterränge zumutbar war?

Zum Teil erklärt sich das Interesse aus der Zen-Haltung gegenüber allem menschlichen Handeln: Was immer man tut – essen, waschen, baden, Tee trinken und eben auch Gärten planen –, kann zur spirituellen Übung werden. Auch die Künste sind religiöse Disziplinen, es läßt sich keine sinnvolle Unterscheidung zwischen ihnen treffen. So wie Blumen, Bäume, Steine, Fische und Vögel alle Buddha in verschiedener Form verkörpern, so sind Blumen- und Vogelmalerei, Gartenschöpfung und andere bildhaft und formhaft gestaltende Künste buddhistische Kunst. Im Zen verfließt die Grenze weltlich/religiös, und das Buddha-Standbild in der Tempelhalle wird für den Zen-Priester reine Formalität. Wer sich unter den Priestern gartenkünstlerisch betätigte, sah das als Teil seines religiösen Lebens.

Muso Soseki (1275–1351) beispielsweise, ein ranghoher Zen-Priester – bekannt auch unter dem Titel *kokushi* (»Landesmeister« oder »Lehrer der Nation«), einem vom Kaiser nur äußerst selten verliehenen Namen –, hat mehrere bedeutende Gärten entworfen. 1344 kritisiert ihn das Tagebuch eines Shingon-Priesters und Gelehrten namens Koho (1306–62) für solch unstandesgemäß niedere Tätigkeit. Muso Soseki würde

Zen'amis Teich im Garten Daijo-in, Nara

darauf erwidert haben: Alle Arbeit in der weltlichen Sphäre offenbart den Buddha.

Weitere Triebkraft der Zen-Beschäftigung mit dem Garten: das Bestreben, unter Abkehr von sinnlicher Schönheit eine philosophische Aussage zu machen. Im absoluten Hinzielen auf universelle Prinzipien sucht der Zen-Garten von der Natur alles Unwesentliche abzustreifen und den transzendenten Lebenssinn zu entdecken. Auf der Materialebene beschränkt er sich auf Steine, Kies und einige wenige beschnittene Pflanzen (Strauchpflanzen wie Tee, Azalee, stumpfblättrige Kamelie). Die Steine können als sinnbildlich für den Rahmen der kosmischen Ordnung, der Kies als sinnbildlich für die grausame Vergänglichkeit der Welt gesehen werden. Weil es ihnen um solche Wahrheiten ging, spielte bei den Zen-Gartenschöpfern die Größe des Gartens keine Rolle: auf kleinem Raum zwischen zwei Gebäuden ließ sich ebenso aussagekräftig arbeiten wie auf einem ausgedehnten Stück Land.

Weiteres, konkreteres Motiv war das Vorhandensein geschickter Gartenhandwerker in Gestalt der *kawaramono,* die im 14. und 15. Jahrhundert, nach langjähriger untergeordneter Tätigkeit als Helfer der steinsetzenden Priester, nun reif waren, die Gartenkultur zu einer neuen Hochblüte zu führen. Beim Anblick des von Zen'ami entworfenen Gartens Suiin-ken schwärmte der Priester Kikei Shinzui: »Als ich den kleinen künstlichen Berg sah, durchströmte mich ein seltsam herrliches Gefühl. Ihn unentwegt anblickend, vergaß ich ganz den Heimweg.« Andere hielten Zen'ami für den größten Meister *aller* Gartenstile, nicht nur der Trockenlandschaftsgärten; weil es Menschen wie ihn gab, gewann die Geächteten-Kaste schließlich auch den Shogun und den Adel als Auftraggeber.

Neben der Bewunderung als Gartenkünstler erwuchs zwischen Zen'Ami und dem Shogun Yoshimasa auch persönlich ein sehr enges Verhältnis. Als der alte Mann zwischen 1460 und 1463 schwer erkrankte, sandte ihm Yoshimasa Boten mit Arzneien, ließ ihn trösten, erkundigte sich nach ihm und ließ ihm ausrichten, er wünsche sich sehr, ihn bald wieder bei der Arbeit zu sehen. Beispiellos, daß sich ein Shogun derart zu einem sozial Deklassierten herabließ. Das kam auch dem Priester Shinzui – bei aller Bewunderung für den Suiin-ken-Garten – deplaziert und verdächtig vor: »Des Shoguns Mitgefühl für Zen'ami«, schreibt er, »entspricht nicht des Gärtners Rang und kann sogar abartig genannt werden.«

BEWEGUNG UND ADAPTION

Über die Teezeremonie, die ihre heutige Ausprägung im wesentlichen bereits im 16. Jahrhundert erreichte, einer Zeit großer Bürgerkriege in Japan, gibt es ein weitverbreitetes Mißverständnis: daß sie nämlich nicht mehr als eine feierlich-formalisierte Art sei, Tee zu trinken. Dies ist aber nur einer ihrer vielen Aspekte. Richtige Beherrschung der Teezeremonie fordert dem Gastgeber Kenntnisse und Bildung auf vielen Gebieten ab: die Zeremonie selbst, ästhetisch-künstlerischen Geschmack, Kochen, Arrangement der Süßigkeiten, die während der Zeremonie angeboten werden, und nicht zuletzt Plan und Aufbau des Teegartens und -hauses selbst.

Nach den Zen-Philosphie, auf die sich die Teezeremonie gründet, kann alles, was der Mensch tut, als religiöse Handlung gelten. Nach einem Wort des Zen-Priesters Ikkyu Sojun (1394–1481) »lebt Buddha in der Teezeremonie«. Freilich muß man daran denken: Zen gliedert sich wieder in eine Reihe von Sub-Sekten, und nicht alle davon sind Teeanhänger. Daitoku-ji – wo heute noch viele Teepavillons stehen und wo Ikkyu Abt wurde – war der mit der Teezeremonie am engsten verbundene Tempel. Der berühmte Zen-Tempel Myoshin-ji, ebenfalls in Kyoto, lehnte die Teezeremonie anfangs völlig ab; erst in der Edo-Zeit (1615–1868) fand sie dort in beschränktem Maße Eingang.

Kaiseki-Mahlzeit: Reis, Miro-Suppe, Sashimi, Gemüse

Sen no Rikyu

Voraussetzung für die Zeremonie selbst ist nicht nur der Teepavillon. Zunächst braucht man einen Garten, der den geladenen Gast zum Pavillon ›hinführt‹, mit einem Wasserbecken zur rituellen Hand- und Mundreinigung. Der Garten soll eine zur Teezeremonie passende Einstimmung schaffen. Zweite Voraussetzung: ein vergleichsweise großer Raum, mit *tatami* ausgelegt, mit einer Nische *(tokonoma)* und daneben einem Regal, wo eine kleine Zahl dekorativer Gegenstände zur Schau gestellt werden kann. In diesem Raum serviert der Gastgeber den Gästen die sogenannte *kaiseki*-Mahlzeit, ein leichtes Essen aus mehreren Gängen. Dritte Voraussetzung: der Teeraum selbst, meist recht klein, wo der Gastgeber den Tee reicht und Konversation mit den Gästen führt. Diese Pavillons sind – obwohl sie Türen und Fenster haben – nicht für direkten Ausblick auf den Garten gebaut.

Daß der Blick in den Garten nicht vorgesehen ist, liegt an einem Merkmal, welches den Teegarten von anderen Gartenformen unterscheidet: Der Besucher muß den Garten durchschreiten, um zum Teehaus zu kommen, und auf diesen Zweck hin ist der Garten angelegt. Als Anfang der Zeremonie gilt der Augenblick, in dem der Gast den Garten betritt. Oft soll im Garten die Stimmung eines einsamen, geheimnisvollen Tales erweckt werden; eine Reihe Schönheiten bieten sich nacheinander dem Auge des Besuchers, der ihn durchschreitet. Den Menschen, die in überfüllten Städten leben, gilt die Augenweide eines engen gewundenen Teegartens als etwas besonders Kostbares. Allerdings ist seine Schönheit künstlich, darauf berechnet, so natürlich wie möglich zu wirken. So wird erzählt: Sen no Rikyu (1522–1591), Kaufmann im Freihafen Sakai nicht weit vom heutigen Osaka, die größte Gestalt in der Geschichte der Teezeremonie, soll eines Tages, nach sorgfältigem Reinigen des Teegartens vor Ankunft der Gäste, die Bäume geschüttelt haben, um Herbstlaub über den Garten zu verstreuen.

Der Teegarten ist der erste Garten der japanischen Geschichte, der auf Bewegung – auf Durchschrittenwerden – angelegt ist. Daher heißt er auch *roji* (»Weg« oder »Gartenpfad«). Mit Ausnahme besonderer Gärten für die Häupter von Tee-

Ziernische *(tokonoma)* des Teeraums mit Winter-Arrangement

Utensilien zur Teezubereitung: Wasserkessel, Tuch, Teeblätter

schulen ist der Roji niemals ein Großgarten, sondern liegt oft ›eingeengt‹ zwischen Haus und Zaun. Das Wesentliche ist die Wirkung, die er auf den Menschen ausübt, der den Gartenpfad entlanggeht; das Aufeinanderfolgen schöner Eindrücke, die er dabei, genau kalkuliert, bietet.

Um die rechte Atmosphäre der Reinlichkeit und Frische zu schaffen, besprengt der Gastgeber vor dem Eintreffen der Gäste den Roji stets mit Wasser. Wichtig ist dabei der Zeitpunkt: Die Nässe von Steinen und Erdboden signalisiert den Gästen, daß sie eintreten dürfen. Soll die Zeremonie bei Tag stattfinden, hätte ein *ganz* nasser Garten jedoch nicht den gewünschten Effekt; der Gastgeber bespritzt den Roji daher schon längere Zeit vorher, so daß er beim Kommen der Gäste etwa ein Drittel abgetrocknet ist. Anders bei Nacht. Elektrisches Licht ist im Roji bis heute verpönt; man bevorzugt flackernden Kerzenschein. Die Kerzen stehen gestaffelt am Wegesrand in Laternen: Der mit Wasser benetzte Roji, Steine, Bäume, der ganze Garten, verwandelt sich dann in eine phantastisch-unwirkliche Welt fern aller Alltagsrealität.

So klein der Roji ist, er hat enormen Einfluß auf den japanischen Garten insgesamt gehabt. Zu seinen Neuerungen zählt nicht nur die Idee der ›Bewegung‹ und des ›Aufeinanderfolgens ästhetischer Eindrücke‹, sondern auch die Idee des Zweckentfremdens bzw. Umfunktionierens von Gegenständen (auch ganz simplen Alltagsgegenständen) zum Objekt rein ästhetischer Würdigung. Am Wegesrand gefundene Steine; Krüge, wie sie in Bauernhäusern benutzt wurden; beschädigte oder mit kleinen Herstellungsfehlern behaftete Teeschalen; dergleichen konnte durch eine Sensibilität, eingestimmt auf die schlichte, verfeinerte, etwas wehmütige Schönheit, wie sie sich in den Begriffen *wabi* und *sabi* ausdrückt, zum unbezahlbaren Kunstschatz werden. Die Auswahl des potentiell Wertvollen aus dem Nur-Alltäglichen verlangte natürlich hohes ästhetisches Fingerspitzengefühl.

Beispielhaft zeigen läßt sich dieses Umfunktionieren an Steinlaternen und Trittsteinen im Teegarten. Votivlampen – Geschenke von Gläubigen an Buddhistentempel und Shinto-Schreine – tauchen als Gartenelement erst spät auf, Ende des

Teegarten und Eingang zum Teeraum. Urasenke, Kyoto

Binnengarten der Residenz Fukami, Kyoto

16. Jahrhunderts. Um 1580 soll Teemeister Sen no Rikyu auf dem Friedhof Toribeno (Kyoto) Steinlaternen reizvoll gefunden haben, die dort standen, und sie in seine Teegärten versetzt haben. Erste urkundliche Nennung: drei Steinlaternen im Teegarten des reichen Kaufmanns und leidenschaftlichen Teetrinkers Tsuda Sokyu (gest. 1591) in Osaka; sie findet sich in einem der üblichen schriftlichen Berichte über eine dort am 24. Oktober 1590 abgehaltene Teezeremonie. Ein ähnlicher Bericht (4. Oktober 1591) spricht von einer Steinlaterne im Teegarten eines gewissen Doga aus Nara. Dies läßt vermuten: Laternen dieser Art gewannen bereits an Beliebtheit. Ironie der Geschichte, daß sie sich gerade dann durchzusetzen begannen, als Rikyu von seinem Herrn und Patron Toyotomi Hideyoshi (1536–1598) der rituelle Selbstmord befohlen wurde. In der Folgezeit hat die Steinlaterne im Teegarten jede religiöse Bedeutung verloren: Nachts dient sie als Lichtquelle, tags als dekoratives Landschaftsattribut.

Ein weiteres Beispiel für kreatives Umfunktionieren: die Trittsteine, die wie die Steinlaterne über den Teegarten in die allgemeine japanische Gartenkunst Eingang fanden. Entstanden sind sie zweifellos als praktisch-ästhetisches Hilfsmittel zum ›Durchschreiten‹ des Roji. Praktisch insofern, als sie den Gast durch den Garten zum Teehaus führten und ihm halfen, sich die Füße nicht schmutzig zu machen; ästhetisch insofern, als sie die Gesamtstimmung des Gartens mittrugen, schön anzusehen in der Moos- oder Kiesdecke des Gartens, im Wasser von Bach und Teich, im Schnee. Der praktische Aspekt heißt in der Gartensprache *watari* (»Überschreiten«), der ästhetische *kei* (»Szene«). Die Bedeutung, welche Gartenschöpfer diesen beiden Gesichtspunkten bei der Gestaltung von Trittsteinen zumaßen, war verschieden: Sen no Rikyu maß der nützlichen Komponente 60%, der Schönheitskomponente 40% Bedeutung zu. Sein Schüler Furuta Oribe (1544–1615) kehrte dieses Verhältnis um.

Um auf einem Weg aus Trittsteinen nicht fehlzugehen oder zu stolpern, darf sich der Besucher nicht allzu sehr von der Gartenlandschaft ablenken lassen. Der Teegarten ist darauf ausgerichtet, die Aufmerksamkeit auf den Akt des ›Durchschreitens‹ zu konzentrieren; auf halbem Wege findet sich allerdings – als ›Atempause‹ – oft ein besonders großer Stein bis zu anderthalb Metern Durchmesser, auf dem der Besucher stehenbleiben und sich umschauen kann. Der Weg vom Gartentor zum ersten großen Stein, und von dort zum nächsten großen Stein oder zum Teepavillon, gleicht einem Flug mit Zwischenlandungen. Jeder Zwischenstopp bietet dem Reisenden neue und oft überraschende Eindrücke. Häufig verwendet wurden dazu in Teegärten auch Pfeilerfundamentsteine aus Tempel- und Klosterruinen. Die Zahl dieser Steine steht aber heute in gar keinem Verhältnis mehr zur Zahl der Tempelruinen. Man muß daher annehmen, daß die meisten Nachbildungen sind.

Im 17. Jahrhundert begann man, auf kleinen Bodenflächen am Stadthaus Gärten nach dem Muster des Roji anzulegen. Wasserschöpfbecken, Steinlaternen, Trittsteine, Bepflanzung, das alles erweckte den Eindruck eines Teegartens, war aber als häusliche Version dazu bestimmt, vom Hausinnern aus betrachtet und genossen zu werden und dem Haus Licht und Luft zu spenden. Alle kleinen Gärten dieser Art – mit Ausnahme der tatsächlich zur Teezeremonie benutzten – heißen *tsuboniwa.* Meist sind es viereckige Binnengärtchen, von den Flügeln des Hauses umschlossen, von den Licht- und Luftverhältnissen her nicht als echter Roji geeignet, aber ihre wachsende Beliebtheit zeigt, welch starke kultivierende und bildende Kraft die Teezeremonie ausstrahlte.

STUMME MUSIK: WANDELGÄRTEN

Für einen neuen Gartentypus, Anfang des 17. Jahrhunderts entstanden, gab es zwei Hauptgruppen von Auftraggebern.

Binnengarten mit Teegartenelementen, Residenz Sugimoto, Kyoto

Die erste: Kaiserhof und Adel, deren politische Macht ab 1617 unter dem Tokugawa-Shogunat zurückgedrängt wurde und die mehr Zeit für Künste und Müßiggang hatten. Die zweite: die shogunatstreuen, politisch mächtigen Feudalherren.

Diese Wandelgärten, wie man sie nennt, waren oft sehr großflächig. Der Toyama-so (gebaut 1661–1672) in Edo am Sitz der Owari, einer Sub-Sippe der Tokugawa, soll 136 400 *tsubo,* das sind 450 000 m², gemessen haben.

Exkaiser Gomizuno-o (1596–1680) hat in dieser Zeit in und um Kyoto viele Gärten angelegt. Seine berühmtesten erhaltenen Gartenschöpfungen: Shugakuin (1659) an einem Berghang nordöstlich von Kyoto, gekennzeichnet von traditionellen Gestaltungstechniken, und Sento (1630) in der Nähe des kaiserlichen Palastes mit zwei miteinander verbundenen Teichen. Wie erwähnt, geht der ›auf Bewegung‹ – speziell: Durchschrittenwerden – angelegte Garten auf den Teegarten zurück. Der Wandelgarten greift das Konzept auf und baut es aus: Der Besucher kann um den – stets vorhandenen – Teich oder See herumgehen, und es öffnen sich ihm dabei immer neue Blicke.

Nun war Spazierengehen im Garten natürlich nichts Neues. Man kannte es seit jeher in allen Landschaftsgärten, die groß genug waren – besonders in den Paradiesgärten. Nur: Der Paradiesgarten war das Reich des Buddha; auch der sterbliche Besucher war – im Prinzip – in den Rang eines Buddha erhoben. Sterbliche konnten im Paradiesgarten Poesie-Feste, Bootsfahrten, Theateraufführungen veranstalten, aber in erster Linie gehörte der Garten zur spirituellen Welt; der Lustwandelnde wandelte nicht einfach aus Lust, sondern ging, Gebete sprechend, von einem kapellenartigen Gartengebäude zum nächsten.

Die Zen-Philosophie war es, die den Garten vom ausgesprochen Kultischen befreite. Da sich Buddha in allen Naturphänomenen darstellt, erübrigen sich Kulthallen und -kapellen. Mit der Verbreitung dieses Gedankens löste sich der Garten von der Religion. Zwar finden sich auch in den Wandelgärten der späteren Zeit Buddha-Hallen und Shinto-Schreine, aber nicht mehr als Kultobjekt, sondern nur noch als architektonisches Landschaftselement.

Auch andere Facetten dieser Gärten lassen sich auf frühere Einflüsse zurückführen: Künstliche Hügel, Teiche mit Inseln, Wasserläufe und Steinsetzungen in ebenem Gelände und am Teichufer entstammen der Anfangszeit des japanischen Gartens; Kompositionen aus Steinen, geharkten Kiesflächen und spärlichem beschnittenem Buschwerk entstammen der Zen-Gartentradition des 15. Jahrhunderts; Steinlaternen, Trittsteine und Wasserschöpfbecken entstammen den Teegärten des 16. Jahrhunderts.

Der älteste erhaltene Wandelgarten ist der Palastgarten Katsura, erbaut 1620–40 als Landsitz unter dem kaiserlichen Prinzen Hachijo Toshihito und seinem Sohn Toshitada. ›Palast‹ heißt nicht, daß hier tatsächlich Kaiser residierten, sondern nur, daß die Anlage dem Kaiserhaus gehörte. 1881 starb die Hachijo-Linie aus, und fünf Jahre später ging Katsura in den Besitz des Kaiserlichen Hofministeriums über (heute: Kaiserliches Hofamt).

Der Teich des Katsura-Gartens, gespeist vom alten Lauf des nahegelegenen Katsura-Flusses, ist von Wandelpfaden umgeben: teils aus Trittsteinen, teils gepflastert, teils kiesbedeckt, teils treppenförmig, teils einfach festgestampfte Erde. Entlang der Pfade drei Arten von Gartenelementen: kleine rustikale Lauben zum Ruhen und zum Empfang von Gästen (Shokin-tei, Shoka-tei, Manji-Tei, Shoiken, Gepparo); Miniatur-Nachbildungen großer landschaftlicher Sehenswürdigkeiten (Sumiyoshi-Kiefer; Tsutsumi-Wasserfall; Oigawa-Fluß; und die berühmte bewaldete Landzunge Ama no Hashidate) und künstlerische Steinobjekte, darunter eine Reihe Steinlaternen – die Mizu-hotaru-Laterne, deren flirrender Widerschein auf dem Teichwasser an einen

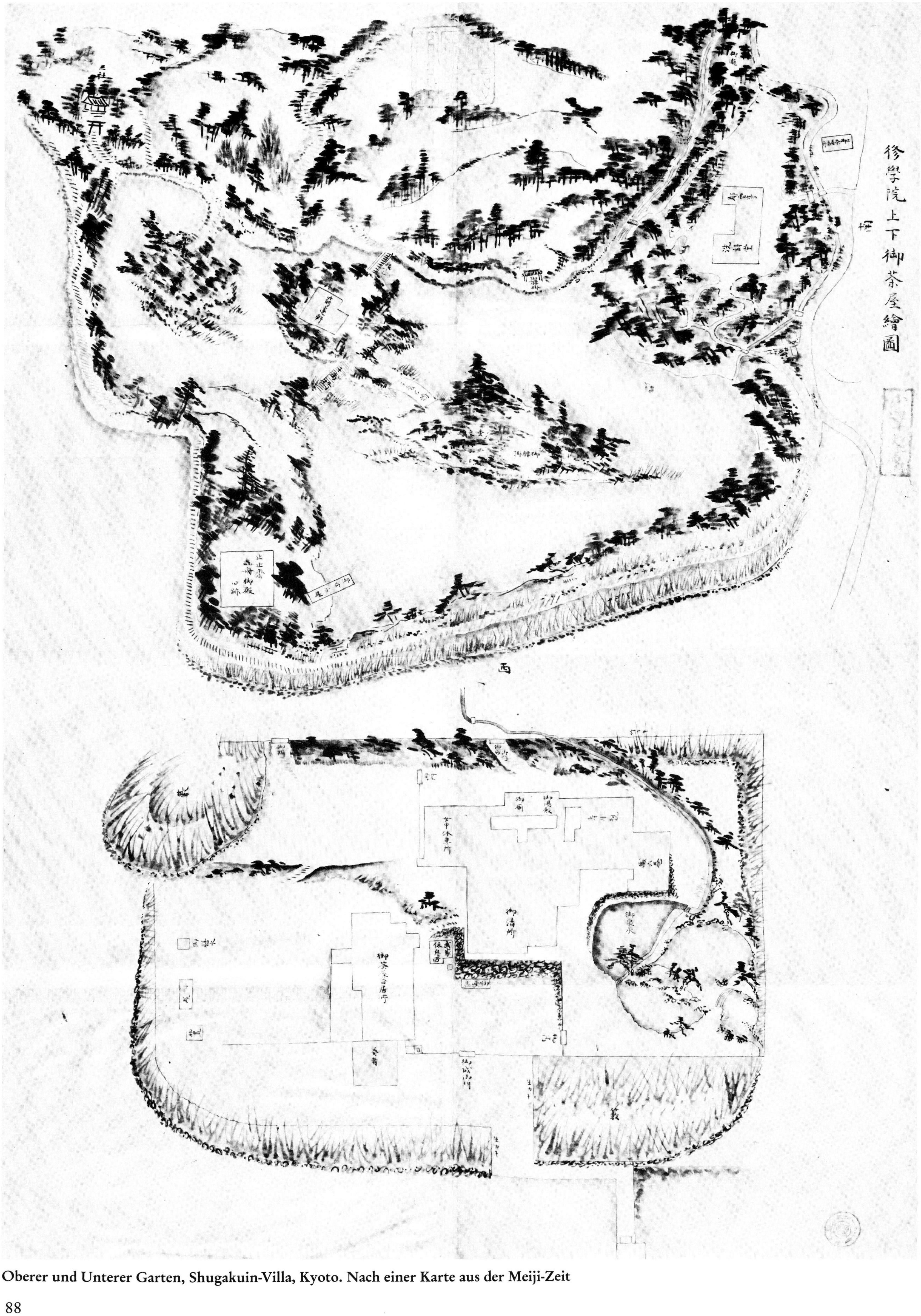

Oberer und Unterer Garten, Shugakuin-Villa, Kyoto. Nach einer Karte aus der Meiji-Zeit

Pavimente und Trittsteine an der Kaiserpforte, Villa Katsura, Kyoto

Schwarm Leuchtkäfer *(hotaru)* erinnert, die Yukimi-, eine ›Schneebetrachtungs‹-Laterne, besonders für den Winter gedacht, und die Sanko-Laterne mit dreifenstriger Leuchtkammer (*san* = drei). Alle Hügel, Bäche, Pflanzen, Brücken, Täler etc. im Garten tragen Assoziationen zur klassischen japanischen Dichtung und Werken wie etwa dem Roman *Genji-Monogatari;* Besucher konnten sich von dieser reichen Assoziationswelt, die dem Garten ›eingepflanzt‹ ist, zu eigenen Gedichten inspirieren lassen.

Waren die bisherigen Gartenstile bildhaft – als Vorlage dienten ja tatsächlich oft Gemälde –, so kann man den Wandelgarten als musikalisch bezeichnen. Und zwar hauptsächlich deshalb, weil er wie der Teegarten auf Bewegung aufbaut oder sie zumindest einbezieht. Natürlich haben die Gestalter auch das ›Statische‹ – die Elemente beiderseits des Weges – genau geplant, aber ebensoviel Sorgfalt haben sie dem ›Dynamischen‹ gewidmet, dem manipulierenden Spiel mit dem sich verschiebenden Raum, wenn sich der Besucher von der Weite in die Enge, vom Hellen ins Dunkle, von weitgespannt-ländlicher in hügelige Landschaft begibt. Mal ist der Teich sichtbar, mal ist er verdeckt von Hügeln und Hainen. Andere Besucher tauchen auf der gegenüberliegenden Teichseite auf, kommen hinter einer Baumgruppe hervor und verschwinden wieder. Man könnte das Resultat stumme Musik nennen, mit ganz eigenen Rhythmen und Variationen. Verbindlich vorgeschrieben war die Geh-Richtung nicht, aber grundsätzlich waren Gärten dieser Art doch darauf angelegt, in einer bestimmten Abfolge durchschritten und erlebt zu werden: Auch dies eine Parallele zum komponierten ›Nacheinander‹ musikalischen Geschehens.

Wandelgärten zeichnen sich durch große gestalterische Freiheit aus. Sie entstanden zu einer Zeit, da die Regierung derart streng auf Erhaltung der bestehenden Feudalordnung achtete, daß für die einzelnen Volksklassen sogar die Bauart der Häuser genau vorgeschrieben war. Die Gestaltung der Wandelgärten dagegen – vorausgesetzt, man verstieß nicht gegen Grundregeln der Feudalordnung – unterlag solchen Beschränkungen nicht. Der Garten des Hofadligen wie des Feudalherrn war fast immer ein Landsitz- oder Villengarten, der in seiner Ungezwungenheit willkommenen Freiraum bot

Wandelgarten Murin-an, Kyoto

von den starren zeremoniellen Zwängen, die damals jedem, der (auch niedrige) öffentliche Positionen innehatte, wie ein Mühlstein um den Hals hingen. Zum Glück herrschte in der Edo-Zeit größtenteils Frieden. Der Samurai wandelte sich vom Kämpfer zum Beamten; der Hofadel, abgeschnitten vom politischen Leben, hatte Muße für ›kulturelle‹ Betätigung – und dazu zählte das freischweifend kreative Entwerfen von Wandelgärten. Das Shogunat war froh über diese ›Ablenkung‹ des Adels, die als harmlos und politisch ungefährlich galt.

Berühmte Beispiele dieses Garten-Genres, die sich erhalten haben: Koraku-en (Mito-Zweig der Tokugawa-Sippe), Toyama-so (Owari-Zweig), Yokuon-en (Shirakawa-Zweig der Matsudaira-Sippe), Riguki-en (Kofu-Zweig der Yanagisawa-Sippe) und der Hama-Palastgarten des Tokugawa-Shoguns (alle im Großraum Tokyo). Weitere namhafte Anlagen in anderen Landesteilen: Ritsurin (Takamatsu-Zweig der Matsudaira-Sippe), Koraku-en (Okayama-Zweig der Ikeda-Sippe), Kenroku-en (Kanazawa-Zweig der Maeda-Sippe) und Joju-en (Kumamoto-Zweig der Hosokawa-Sippe).

Die ersten Schritte zur Entwicklung des modernen Japan erfolgten 1868: Das Tokugawa-Shogunat trat alle politische Macht an den Meiji-Kaiserhof ab. Mit Modernisierung und Verwestlichung kam auch westliche Gartenkultur ins Land. Das bedeutete aber – bei Japans traditioneller Art der Kultur-Assimilation – keineswegs das sofortige Absterben der Wandelgärten. Auch im späten 19. Jahrhundert entstanden noch Wandelgärten in größerer Zahl; zwei Beispiele: Murin-an und Shinshin-an beim Zen-Tempel Nanzen-in in Kyoto. Das einzige, was sich in diesem Zusammenhang änderte, waren die Besitzverhältnisse.

Am Tempel Saiho-ji liegt einer der beliebtesten Gärten Kyotos: urtümlicher Wald, stiller Teich, gesäumt von üppiggrünen kühlen Moosufern. So reizvoll ist die Moosdecke, daß der japanische Volksmund die Stätte in Koke-dera, Moostempel, umgetauft hat. Doch woher kommt der dichte Moosteppich?

DER MOOS-TEMPEL

Eingangspfad. Der Besucher betritt den Garten nicht unmittelbar, sondern geht zunächst auf einem langen Pfad außen an der Umfassungsmauer entlang. Das Laubwerk hinter der hohen Mauer steigert die Erwartung.

Holzbrücke, zur Hauptinsel führend. Hauptmerkmal des Saiho-ji ist das Moos, daher der volkstümliche Name Koke-dera, Moostempel. Nasser Lehmboden und schattige Lage förderten das wuchernde Mooswachstum. Etwa 40 Moosarten sind hier gezählt worden.

Teichbucht mit alten Anlegersteinen. Der große Teich im unteren Garten war ursprünglich Teil einer Paradiesgarten-Komposition (Westliches Paradies des Buddhismus). Jahrhunderte später diente er zum Bootfahren – im Bild: wahrscheinlich Bootsanlegersteine – und zum Betrachten der Kirschblüte und des Herbstlaubs. Ende des 17. Jahrhunderts war der Garten verwildert.

Blick von der Hauptinsel. Seine Lauschigkeit – samtweiches Moos, freier Blick durch die Bäume – macht Saiho-ji heute zu einem wunderbar verwunschenen Ort. Leichte Melancholie kann den Besucher überkommen, wenn er die stille, empfindliche Schönheit dieses Gartens sieht. Eine Emotion, die in japanischer Kunst oft zum Ausdruck kommt, aber nirgendwo so konkret greifbar wird wie hier.

Trockenkaskade im oberen Garten. Den oberen Garten beherrscht eine ganz andere Stimmung als den untenliegenden Teichgarten. Hier dominieren massive Steinsetzungen: eine kraftvoll-wuchtige Komposition. In späteren Jahrhunderten wurden flache, breitliegende Steine bevorzugt.

»Sugi«-Moos um Trittstein. Hier und folgende Abbildungen: im Saiho-ji vorkommende Moose.

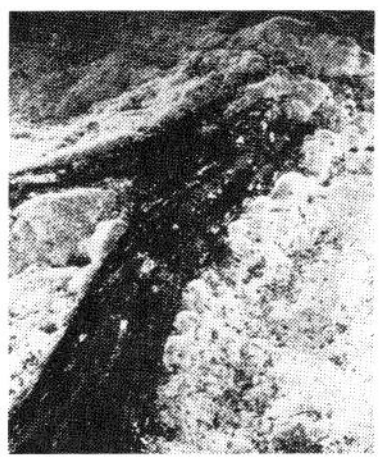

»Mosen«-Moos an einer Baumwurzel.

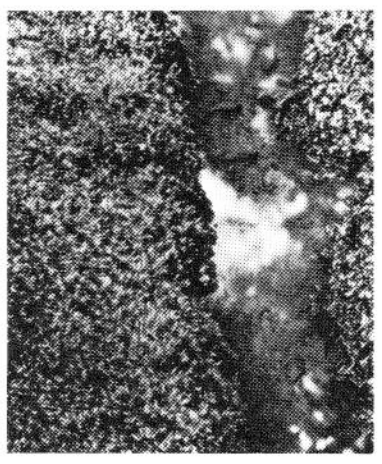

»Saiho-ji«-Moos am Bach. Diese Moosart hat ihren Namen vom Saiho-ji-Garten bekommen.

Kamelienblüten und »hosoba okina«-Moos.

NUR NOCH IN DER PHANTASIE LEBENDIG: DER ALTE GARTEN SAIHO-JI

Der Garten Saiho-ji, wie er einmal ausgesehen haben könnte. Wandschirmmalerei von Hisatsune Shuji (1960)

Der Zen-Priester Muso Soseki (1275–1351) schuf den Garten Saiho-ji, Koke-dera oder Moostempel genannt, im Jahre 1339, zu einer Zeit, da Japan zwei rivalisierende Kaiserhöfe hatte: den vom Ashikaga-Shogunat unterstützten Nordhof in Kyoto und den Südhof mit Sitz auf dem Berg Yoshino. Von der Ursprungsgestalt des Gartens – der seinerzeit als originäre Kostbarkeit galt – ist kaum noch etwas erhalten geblieben. Er ist heute ein stiller, ein wenig schwermütiger Ort mit plätschernden Bächen, Steingruppen, die aussehen, als habe man sie aus der Erde ausgegraben und unverändert stehengelassen, und samtweichem Moos, das den Boden unter den Bäumen bedeckt. Die Baulichkeiten fügen sich harmonisch in die natürliche Umgebung. Im Herbst, wenn rotes und braunes Laub vom Tod des Jahres kündet, macht der gelegentliche Vogelruf die Stille nur noch schwerer, plastischer.

Ahnen läßt sich das Aussehen des Gartens zu seiner Glanzzeit noch durch die unveränderte Lage am Fuß des Berges Torigatake; den Saiho, der das Tal durchfließt; den Goldenen Teich, dessen Name gar nicht zu seiner melancholischen Aura passen will, und Steingruppierungen, die eine gewisse Harmonie bewahren, obwohl man heute nicht mehr sagen kann, ob es sich um bewußte Kompositionen oder Zufallsgruppen handelt.

Vom kleinen Teehaus Shonan-tei abgesehen, das Teemeister Sen no Shoan zwischen 1596 und 1614 errichtete, ist keines der Gebäude älteren Datums als 1887. Kurz: Der Garten Saiho-ji in seiner ursprünglichen Erscheinungsform aus dem 14. Jahrhundert läßt sich nur noch erträumen.

Früher durften – häufiges Verbot in buddhistischen Klöstern und Tempeln – Frauen den Saiho-ji nicht betreten. Das galt sogar für eine so hochgestellte Persönlichkeit wie die Mutter des Shoguns Yoshimasa (1436–1490). Um ihre Neugier zu stillen, nahm er den Garten beim Bau seines Palastes, des heutigen Ginkaku-ji, zum Vorbild und ließ ihn im Takakura Gosho, dem Wohnsitz seiner Mutter, nachbauen.

Der Garten Ginkaku-ji, der dem Saiho-ji nachgestaltet ist

Saiho-ji: Goldener Teich

Muso Soseki

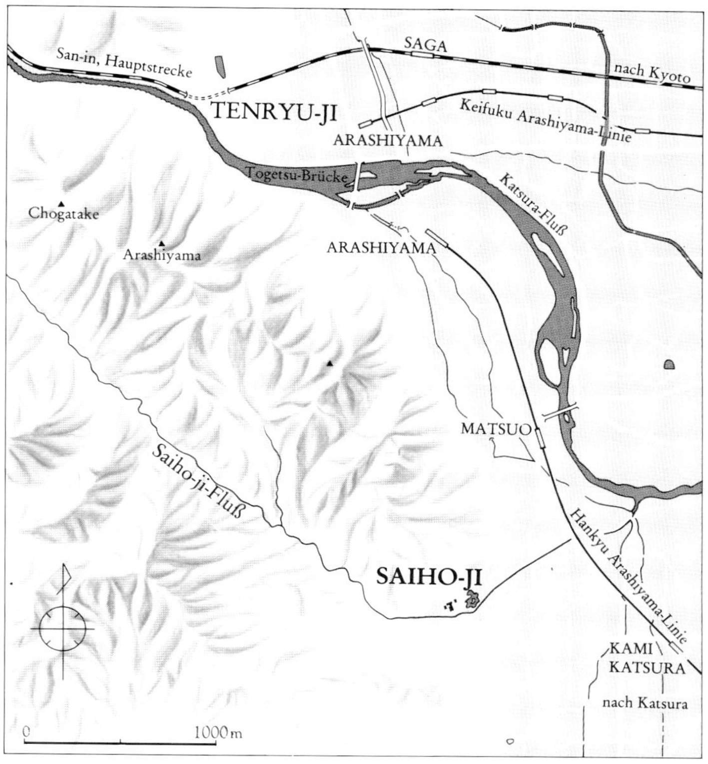

Lage und Umgebung des Saiho-ji

Tenryu-ji. Aus einem Reisebuch der Edo-Zeit

Heute nun ist der Saiho-ji ein Touristenziel, das von Menschen beiderlei Geschlechts besichtigt werden kann. Was man dort sieht, mutet wie Urnatur an, ist aber ursprünglich etwas ganz Artifizielles gewesen, eine Komposition nach Muso Sosekis Zen-Philosophie. So geht es aus zeitgenössischen Quellen hervor.

TROTZ KRIEG, TROTZ RANG

Im 14. Jahrhundert tobten Kämpfe zwischen dem Nord- und dem Südhof. Der konservative Südhof residierte – praktisch entmachtet – auf dem Berg Yoshino. Ein Trost blieb ihm: Er besaß die Reichsinsignien (Spiegel, Schwert und Kronjuwel), die heiligen Legitimitätszeichen des japanischen Kaiserhauses. Der weit progressivere Nordhof hielt seine überlegene Stellung vom Hauptquartier in der Metropole aus aufrecht. Jeder Hof hatte eine eigene Kaiserdynastie.

Zen-Priester Muso Soseki lebte und wirkte in Kyoto, unter der Herrschaft des Nordhofes. Trotzdem bat er den Shogun Ashikaga Takauji (1305–1358), für den Südkaiser Godaigo (gest. 1339) und dessen Gefallene einen Gedenk- und Versöhnungstempel zu errichten. Man gewährte die Bitte: 1345 kam der Bau des Tenruy-ji (ursprünglich hieß er Ryakuo-ji) zum Abschluß. Finanziert wurde er hauptsächlich aus Gewinnen des neu angelaufenen Chinahandels; die Segler, die auf dieser Route fuhren, nannte man danach »Tenryu-ji-Schiffe«. Der Tempel entstand auf dem Gelände des Sommerpalastes Kameyama, der enge Assoziationen zum Kaiser Godaigo hatte. Muso Soseki grub während der Bauarbeiten Erde aus und trug sie in Bambuskörben vor die Tempelhalle: eine erste Zeremonialhandlung zur Stiftung des neuen Tempels.

Vieles aus der Ursprungszeit ist erhalten, um uns ein Bild zu geben: der Wasserfall Sankyoku am mittleren Hang des Kameyama-Hügels; der Sogen-Teich, die Bansho-Höhle in ihrem Kiefernhain; Steingruppen, die Berge auf Tuschbildern der chinesischen Sung-Dynastie (960–1279) nachahmen. Vom Tenryu-ji kann man den Berg Arashiyama und die Kirsch- und Ahornbäume sehen, die Ashikaga Takauji dort zum Gedenken an seinen Feind gepflanzt hat. (Er hat sie deshalb gepflanzt, weil Godaigo, von der Hauptstadt träumend, auf dem Yoshino gestorben war, welcher für seine Kirschbäume berühmt ist. Krieg war damals in Japan – wie Krieg zu allen

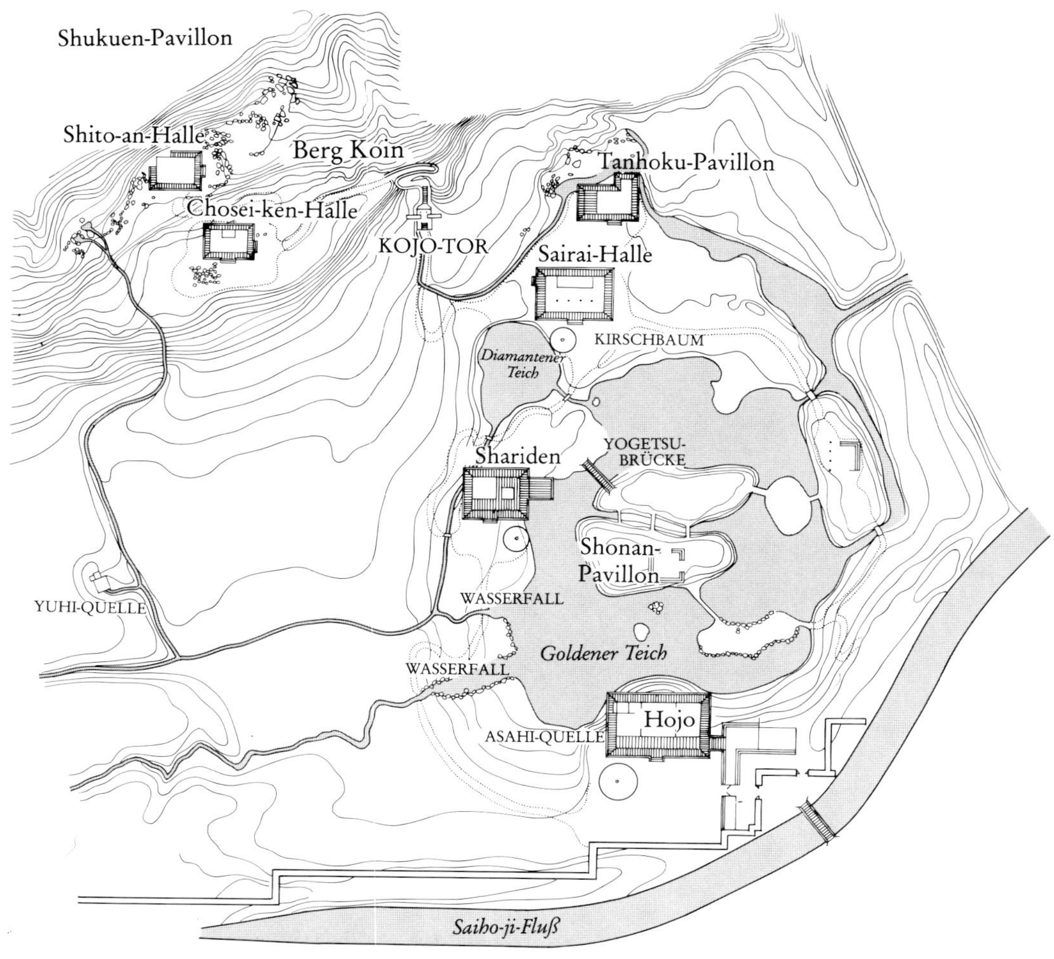

Karte des Saiho-ji zur Zeit Muso Sosekis (nach Forschungen von Nishizawa Fumitaka)

Zeiten – grausam und blutig. Der Buddhismus lehrt, daß alle Menschen Buddhas werden, wenn sie sterben. Nicht sehr verwunderlich daher, daß Ashikaga, der Sieger, sich solche Mühe machte, den Geist seines toten Feindes zu ehren. Liegt es an der Aufhebung des Freund-Feind-Unterschiedes nach dem Tode, daß Kriege in der japanischen Geschichte immer wie eine von Blutvergießen begleitete rituelle Handlung wirken?)

Trotz seines hohen geistlichen Ranges und trotz der Kriege, die zu seinen Lebzeiten in Japan wüteten, entwarf Muso Soseki Gärten für viele Tempel, die damals neu gestiftet oder umgebaut wurden. Seine Arbeit – entwürdigend und verachtenswert in den Augen mancher – sah er als Zen-Zucht, als religiöse Übung. Der Tenryu-ji entstand gleichzeitig mit dem Umbau des Saiho-ji; beide Gärten liegen nur einen Kilometer auseinander, so konnte er zwischen ihnen hin- und hergehen und in beiden gleichzeitig als schöpferischer, originärer Gartenkünstler tätig sein.

REINE UND UNREINE WELTEN

Am Ort des Saiho-ji erhob sich früher ein Vorläufertempel, mit gleichlautendem Namen, welcher jedoch, mit anderen chinesischen Schriftzeichen geschrieben, eine andere Bedeutung hatte: »Tempel des Westlichen Paradieses«. Anders als der Saiho-ji, gehörte er nicht zum Zen, sondern zur Jodo-Sekte, nach deren Lehre bereits die Anrufung des Buddha Amida Zugang zum Sukhavati schafft – dem Westlichen Paradies. Demzufolge war der alte Tempelgarten ein Paradiesgarten; der heutige Teich im Saiho-ji hieß ursprünglich »Teich der Sieben Kostbaren Substanzen«, typisch für Paradiesgärten. Zu Muso Sosekis Zeit war der Tempelbezirk jedoch verfallen, und nichts deutete mehr darauf hin, wie der Saiho-ji im Ursprungszustand ausgesehen hatte. Heute teilt sich der Garten in zwei Hauptbereiche: den ebenen Teichgarten und den hügeligen Teil (Koin-Berg) mit großen Steingruppen. Der ebene Teil will die Welt der Ruhe, des Paradieses, des Lebens ausdrücken; der rauhe, steinige Teil (ursprünglich einmal Standort eines Tempels namens Edo-ji) die gegenwärtige Welt in ihrer Unvollkommenheit. Dort wurden früher auch Tote beerdigt, Totenfeiern abgehalten.

Mit dem Um- bzw. Neubau des Saiho-ji beauftragt wurde Muso Soseki von dem bedeutenden Shogunatsbeamten Fujiwara no Chikahide (1288–1341), der durch Landschenkungen die Tempelfinanzen aufbesserte. Etwa zu dieser Zeit ging der Saiho-ji von der Jodo- zur Zen-Sekte über und wurde administrativ mit dem Edo-ji zusammengelegt. Der Tempel der Jodo-Sekte verband sich also mit der profanen Gegenwart. Muso Soseki in seinem Werk *Muchu mondo:* »Es ist eine Täuschung zu glauben, die reine Welt des Paradieses unterscheide sich von der profanen Welt der Gegenwart. Auch der Unterschied zwischen heiliger Reinheit und dem Unrein-Unvollkommenen ist Trug. Beides sind nur grundlose Einbildungen des menschlichen Geistes.« Er glaubte auch, daß es nur eine einzige buddhistische Philosophie gab, gleichgültig, welche Sekte sie vertrat; und auf früher der Jodo-Lehre zugehörigem Grund und Boden ließ er den Teich so umformen, daß er dem chinesischen Schriftzeichen für ›Herz‹ ähnelte, errichtete Hallen und Wohnbauten und stattete den Garten mit phantastisch geformten Steinen und Bäumen in seinem charakteristischen Zen-Stil aus.

Bei Zen-Tempeln bildete der Garten einen wesentlichen Teil des äußeren Erscheinungsbildes, außerdem galt die Gärtnerei den Zen-Priestern als religiöse Übung. Darüber hinaus scheint Muso Soseki aber auch eine noch stärkere, rein persönliche Liebe zur Gartenkunst besessen zu haben. Eine bekannte Krieger-Saga (*Taiheiki,* entstanden um 1371) schreibt ihm die Gabe zu, Gärten zu schaffen, die das Bild bekannter Stätten heraufbeschwören, und läßt ihn mit Steinen und Wasser geradezu seelenverwandt sein. Ein anderes Buch (*Kaiki,* 1724–1735) spricht von seiner leidenschaftlichen gärtnerischen Wißbegierde.

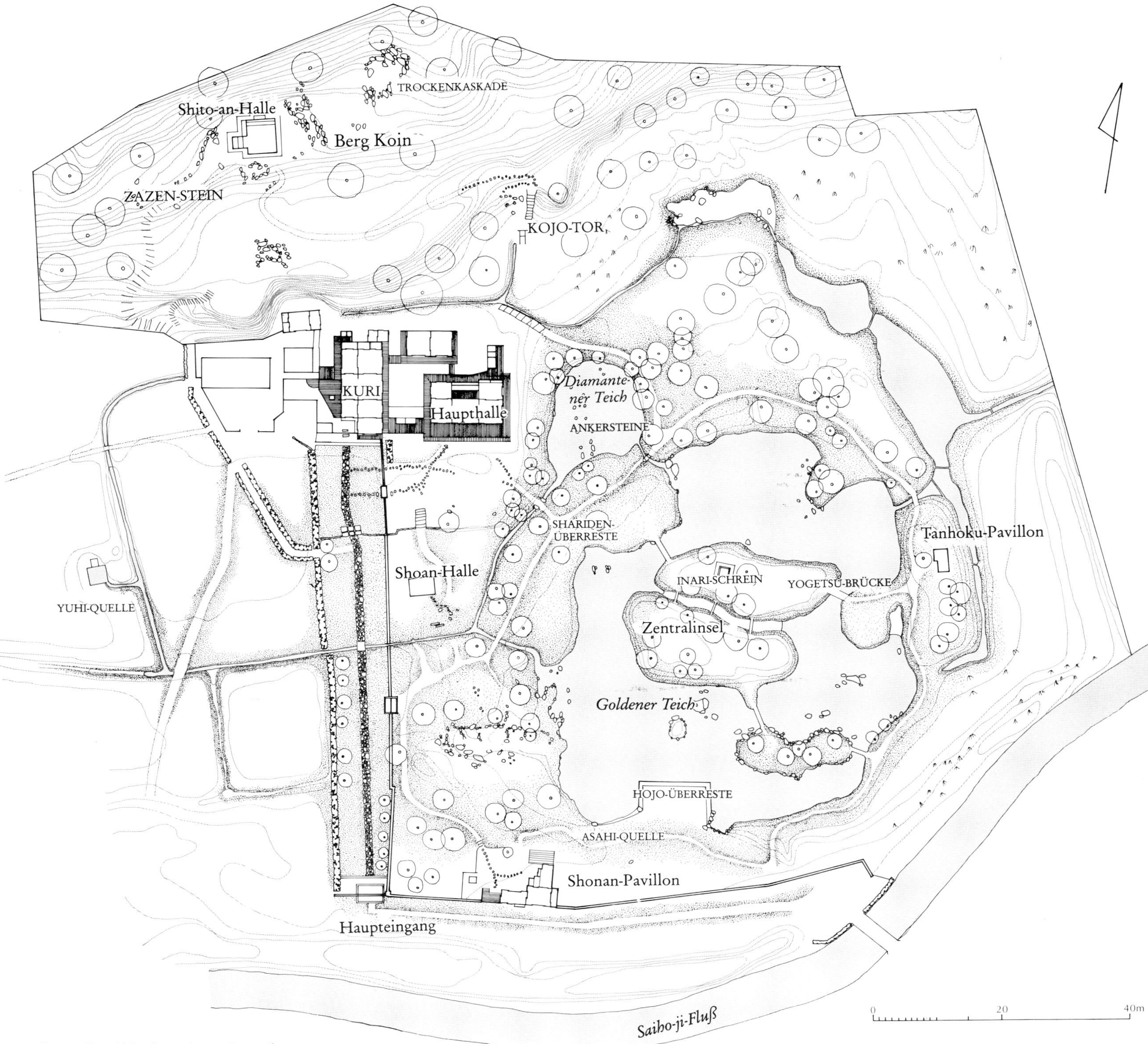

Karte des Saiho-ji in heutiger Gestalt

Für den Saiho-ji hat er auf zwei philosophische Quellen zurückgegriffen. Die eine: das Zehn-Faszikel-Werk *Bi-Yän-Lu* aus der Sung-Dynastie in China, welches für die japanischen Zen-Buddhisten in einer kommentierten Version zu einer höchst bedeutsamen kanonischen Schrift wurde. Sie nennen es *Hekiganroku* (Chronik der Blauen Klippe). Folgende Geschichte kommt darin vor:

Der Tang-Kaiser Diazon fragte einmal den berühmten Priester Nanyang, welcher Ehrung er nach dem Tode teilhaftig werden wolle. Nanyang erwiderte: »Setzt mir ein Grabmal.« Eine rätselhafte Antwort für den Kaiser, denn ranghohe Priester bekamen ohnehin immer Grabmäler, man brauchte nicht extra um eines zu bitten. Das verwirrte Kopfschütteln des Kaisers bemerkend, setzt Nanyang hinzu: »Wenn du meine Bitte nicht verstehst, frage nach meinem Tod meinen Jünger Tanyuan, er wird sie dir deuten.«

Als Nanyang gestorben war, tat der Kaiser wie geheißen; Tanyuan erklärte ihm, daß Grabmal solle sich bis »südlich von Xiang und nördlich von Tan« erstrecken, mit anderen Worten, so groß wie das gesamte Tang-Reich, symbolisch so groß wie das gesamte Universum sein. Das praktisch nicht ausführbare Grabmal war spirituell gemeint. »Ein goldenes Licht«, sagte Tanyuan, »wird alles überfluten, vom Süden Xiangs bis zum Norden Tans, und mittags wird es unter den Bäumen keinen Schatten geben. In diesen goldenen Schein getaucht, wird jeder glücklich sein. Die menschliche Gesellschaft wird einem großen Schiff gleichen. Unter den Herren und Edlen im Palast des Königs Virudhaka von Shravasti, der den Shakaya-Stamm in Kapilavastu abgeschlachtet hat, gibt es keinen berühmten Priester, der das wahre Reich des Gesetzes versteht.«

Viele Termini aus dieser Antwort kehren als Zitat bzw. Anspielung im Saiho-ji wieder. Goldener Teich bezieht sich auf das goldene Licht, das den Kosmos füllen wird, wenn Nanyangs spirituelles Grabmal manifest wird. Das Shonan-tei, eines der Bauwerke im Garten, zitiert »südlich von Xiang« (*sho* ist die japanische Lesart des chinesischen Schriftzeichens *xiang*); ein anderes, das Tanhoku-tei, heißt »nördlich von Tan«. Das Obergeschoß des Shariden – der Buddhareliquienhalle – hieß Muhoto, nach dem Grabmal, das Nanyang für sich errichtet haben wollte; das Erdgeschoß hieß Ruriden, das ist die sinojapanische Wiedergabe des Namens von König Virudhakas Palast. Im Teich: ein großer Stein, das Schiff darstellend, dem die menschliche Gesellschaft laut obiger

Rokuon-ji, Goldener Pavillon

Prophezeiung gleichen soll. Interessanterweise wurde die Buddhareliquienhalle Vorbild für die gefeierte Goldhalle des Goldenen Pavillon im Tempel Kinkaku-ji (korrekter: Rokuon-ji).

Der obere Garten, das unreine Diesseits repräsentierend, geht im Entwurf auf eine Sage zurück, in der ein Mann namens Xiong Xiucai dem Ch'an- (Zen-) Abt Liang begegnet. Ein Wandgemälde von Shiu Muto an der Mauer einer kleinen Buddha-Halle (Shito-an), die einmal in diesem Gartenteil stand, soll von dieser Begegnung berichtet haben.

Zur Regierungszeit des Zenghe (1111–1117), Sung-Dynastie, reiste ein Mann namens Xiong Xiucai zum Berg Xishan in der Provinz Hong. Als er in einer Sänfte den Berg hinaufgetragen wurde, tropfte ein leichter Regen aus dem grünen Laub der Bäume auf ihn herab. Am Ende des Weges traf er einen alten weißhaarigen Priester, der auf einem Stein saß. Xiong Xiucai sprach ihn an: »Es gibt heute keine guten Priester mehr. Ich habe gehört, daß der berühmte Abt Liang auf diesen Berg als Einsiedler gegangen ist. Vielleicht bist du dieser Liang.« Als Antwort wies der alte Priester nach Osten. Xiong Xiucai blickte ostwärts, und als er sich wieder umsah, war der alte Mann verschwunden. Der Stein, auf dem er gesessen hatte, war trocken, alles andere aber war naß vom Regen. Sich in alle Himmelsrichtungen umschauend, seufzte Xiong Xiucai und sprach: »Ich bin dem Abt Liang begegnet, aber es ist so, als hätte ich ihn doch nie getroffen.«

Der Anekdote begegnen wir im oberen Garten des Saiho-ji im mehrfachen Zitat. Der Name der schon erwähnten Halle Shito-an bedeutet »nach Osten weisen«. Der steinige Bergpfad und die Bäume erinnern an die Abhänge des Xishan, die Xiong Xiucai in seiner Sänfte erklomm, und akzentuiert ist der Garten mit einem Stein namens Zazen, »sitzende Meditation«, im Gedenken an den Stein, auf dem Liang saß.

Muso Soseki mochte den Helden dieser Geschichte offenbar sehr. Als Fujiwara no Chikahide ihn bat, die Wiederherstellung des Saiho-ji zu übernehmen, antwortete er: »Ich freue mich, an einem Ort leben und arbeiten zu dürfen, der denselben Namen trägt [westliche Berge oder *xishan* auf chinesisch] wie der mit dem Abt Liang verbundene Ort in der Hong-Provinz.« Der Saiho-ji liegt in den Bergen westlich von Kyoto.

SELTSAME STEINE, BIZARRE BÄUME

Trotz des bedauerlichen Fehlens urkundlicher Unterlagen kann man annehmen, daß Muso Soseki auf Baustoffe zurückgegriffen hat, die an Ort und Stelle vorhanden waren. Die vielen Handwerker und Arbeiter, die ihm geholfen haben müssen, lagerten die zusammengetragenen Steine und sonstigen Materialien an einem Weidenbaum ab, der angeblich am alten Tempelplatz von einem berühmten Priester der Nara-Zeit (Goyoki, 668–749) gepflanzt worden war. Auch ein großer Kirschbaum, der zu Zeiten der Jodo-Sekte vor der Amida-Halle gestanden hatte, spielte im späteren Garten eine Rolle. Ein Vers des Buddhistenpriesters Bukko Kokushi erwähnt die Pracht der herrlichen Ahornbäume. Der Teich im Paradiesgartenstil wurde umgestaltet und die Zuflüsse verdeckt so angelegt, daß das Wasser zwischen Ufersteinen hervorsprudelte.

Wahrscheinlich auch, daß Grabkammersteine von einem Hügelgrab, das sich hier befand, beim Umbau des Gartens mitverwendet wurden. Hügelgrabsteine sollen zum Beispiel sein: der Yogo-Stein, der Buddhas Erscheinen auf Erden symbolisiert, und der Zazen-Stein im oberen Teil des Gartens. Ob die Steingruppen in dieser Region künstlich arrangiert oder nur ausgegraben und an Ort und Stelle belassen wurden, wie sie waren, läßt sich heute nicht mehr mit Sicherheit sagen.

Die schöpferische Arbeit an diesem Garten läßt an die Legende von Somedono Jizo denken. Jizo – oder der Bodhisattva Kshitagarbha – erlöst sensible Menschen vom Leiden der Welt und führt die Toten – vor allem Kinder und Menschen,

Shonan-tei

Yoga-Stein

die böse waren – aus der Hölle heraus. Dargestellt wird er meist als Priester mit Tonsur, der einen Stab mit einem Metallornament und Metallringen am oberen Ende trägt. Beim Bau des Saiho-ji erschien ein fremder Priester und begann, große Steine und Bäume von einem Ort zum anderen zu bewegen. Rasch war der Garten fertig; als Zeichen, daß er daran mitgearbeitet hatte, ließ der Priester seinen Stab zurück und verlangte Muso Sosekis Mantel. Nicht lange danach wurde berichtet, daß die Statue Jizos im Tempel Somedono (Kyoto Shijo) ihren Stab eingebüßt und dafür einen Mantel gewonnen hatte.

Entstanden sein kann die Legende dadurch, daß beim Gartenbau ein alter Grabhügel ›angebrochen‹ und als Steinlieferant benutzt wurde, und daß man diese Störung der Totenruhe dadurch kompensieren wollte, daß man Jizo – den Bodhisattva, der sich um die Geister der Entschlafenen kümmerte – an der Entstehung des Gartens mitwirken ließ.

Bei Fertigstellung des Tempels fand eine große Feier statt, bei der Fische im Teich und Vögel in den Bäumen ausgesetzt wurden. Der Buddhismus verbietet das Töten, und das Aussetzen lebender Kreaturen sollte einen Ausgleich schaffen für das böse Karma, das sich der Mensch durch das Töten von Nahrungstieren zuzieht. Zugegen bei der Einweihungsfeier waren Priester des Tempels Komyo-ji, Nison-in und Seika-ji. Purpurrote Wolken überzogen den Himmel; die Augen der großen Tempelstatue strahlten wie Sonne und Mond. Der Sand des Gartens und das Wasser im Teich leuchteten, als die Fische und Vögel ausgesetzt wurden. Über das nähere Aussehen des Gartens zu diesem wichtigen Zeitpunkt – als der Saiho-ji sich zum Zen-Zentrum wandelte – ist weiter nichts bekannt.

Im Lauf der Zeit trat freilich wiederum ein Funktionswandel ein. Wir wissen zum Beispiel, daß am 26. März 1349 Kaiser Komyo den Saiho-ji besuchte, nach einem Besuch im Tempel Tenryu-ji. An diesem Tag fanden keine buddhistischen Zeremonien statt. Der Kaiser genoß den Garten lediglich ›selbstzweckhaft‹: bewunderte die Kirschblüten, lauschte Musik, fuhr Boot auf dem Teich. Die hohen Zen-Lehren, nach denen Muso Soseki den Garten gestaltet hatte, waren vergessen; man interessierte sich nur noch für die Schönheit der Landschaft. Eine Tendenz, die schon zwei Jahre zuvor eingesetzt hatte, als der Kaiser gekommen war, um nachts beim Schein von zehn großen Kerzen Boot zu fahren und die Kirschbäume zu betrachten. Ernste religiöse Zucht im Saiho-ji war weltlichen Vergnügungen gewichen.

Zu den historischen Quellen aus dieser Zeit zählen die Eindrücke von zwei Koreanern, die damals den Saiho-ji besuchten. Die eine: ein kurzer Text eines Gesandten namens So Kikei in einem Werk mit dem malerischen Titel »Halle der alten Föhrenbäume: Eine Reisechronik aus Japan.« Den Saiho-ji, den er im Jahre 1420 sah, beschreibt er folgendermaßen:

Im Teich im Ostteil des Tempelbezirks befinden sich drei Inseln. Auf einer Insel sind Kiefern, weißer Sand und eine Laube. Auf der zweiten steht ein kleiner Pavillon. Der Pavillon auf der westlichen Insel ist prächtig geschmückt mit Edelsteinen, die Reliquien des Buddha darstellen. Bäche fließen unter blütenschweren Bäumen. Fischreich ist der Teich, auf seinem Wasser schwimmen Enten. Kleine Boote bringen Besucher zu den Inseln. Am Teichufer stehen blühende beschnittene Pflanzendickichte.

Ausführlicher die Schilderung eines siebenundzwanzigjährigen chinesischen Schriftgelehrten, der, in diplomatischer Mission in Japan weilend, den Garten am 9. Juli 1443 besuchte. Auch er kam nicht aus religiösen, sondern aus ästhetischen Gründen in den spätsommerlichen Garten. Aus seiner weitschweifigen Beschreibung hier nur die wesentlichen Punkte.

Zunächst bemerkt er, die Namen der Tempelgebäude gingen zwar auf chinesische Quellen zurück, die Bauten selbst seien jedoch in einem eklektischen Mischstil japanisch/chinesisch errichtet. Zweitens: Im Gegensatz zu Heian-Gärten, die an

Zazen-Stein

Alter Standort des Shariden (Buddhareliquienhalle)

Treppenweg auf den Berg Koin

Yamato-e-Bilder erinnerten, enthalte der Saiho-ji seltsame Steine, bizarre Bäume und wunderliche Blumen. Die Baumäste würden mit Stricken verspannt, um den Bäumen eine bestimmte Form zu geben, junge Bäume würden künstlich gealtert. Drittens äußert er sich über den Nadel- und Bambuswald auf dem Hügel hinter dem Tempel und sagt, im mittleren Teil seien blühende Bäume und Ahorn gepflanzt. Im Frühling erfreue man sich an den Blumen; im Sommer am kühlen Bach und an dem vielen Grün; im Herbst an den leuchtenden Laubfarben. Viertens erwähnt er beschnittene, künstlich geformte Pflanzen, die womöglich früheste Nennung von Pflanzenbeschneidung in der japanischen Gartengeschichte. Und schließlich spricht er von Grabhügelsteinen in großer Zahl, die ausgegraben und zu Formen zusammengestellt worden seien, wie man sie sonst weder in der Natur noch im Werk des Menschen finde. Fazit dieser historischen Schilderungen: Den Saiho-ji kennzeichnete damals eine charakteristische Kombination aus Farbeffekten chinesischen Stils (die blühenden Pflanzen) und kargeren, rauheren Effekten (die seltsamen Steine und bizarren Bäume). Den Namen »Moostempel« rechtfertigte damals noch nichts.

DIE MOOSE

Kein Shogun hat den Saiho-ji öfter besucht als Ashikaga Yoshimasa: Von 1436 bis 1441, sechs Jahre lang, kam er zweimal jährlich, im Frühjahr und im Herbst. Zwischen 1458 und 1466 besuchte er den Tempel fünfzehnmal, wiederum meist im Frühling und im Herbst, wahrscheinlich wegen irgendwelcher saisonalen Anlässe. War Zen nur Vorwand, so hieß der tiefere Grund sicherlich: Freude am Garten. Auf seinem Besuch 1458 zum Beispiel verbrannte er Räucherwerk in der großen Buddha-Halle und in der Chosei-ken- und der Shito-an-Halle; dann genoß er den Fernblick von der Shukuen-tei-Laube auf dem Hügel und fuhr Boot auf dem Goldenen Teich.

Vom Besuch des Shogun Ashikaga Yoshimitsu (13. Oktober 1382), der kam, um sich die Ahornbäume anzuschauen, erzählt eine Tagebucheintragung des Zen-Priesters Gido Shushin. Erst saß der Shogun, zum Gedenken an Muso Soseki, in stiller Meditation in der Shito-an-Halle. Später kam er durch einen Hain im Mondschein den Pfad herunter und kehrte zum Fuji-Raum des Hojo (Wohnung des Hauptpriesters) zurück. Diese Tendenz – Vermengung von Zen-Ritualen mit ästhetischem Genuß – verstärkte sich über die Jahre. Weiteres Beispiel aus dem Tagebuch des Shingon-Priesters Mansai (1378–1435):

Das Wetter ist schön. Ging zum Saiho-ji. Das Herbstlaub läßt sich in seiner Farbenpracht nicht beschreiben. Der Abt begleitete mich, jüngere Priester führten uns. Nach Besichtigung der Hallen und Pavillons auf dem Gelände fuhren wir nach Herzenslust Boot auf dem Teich.

Am 18. März 1433 besuchte Fushimi-Prinz Sadafusa den Saiho-ji und kommentiert in seinem Tagebuch:

Ich wurde durch den Tempel geleitet. Worte reichen nicht, um die Schönheit der Landschaft um den Teich zu schildern. Die Bootsfahrt auf dem Teich mit dem alten Abt war sehr vergnüglich. Dann verbrannte ich Räucherwerk im Shito-an und ging auf den Hügel Shukuen-tei, um den Ausblick auf die Felder vor uns und auf das ferne Land zu genießen. Man zeigte mir den ganzen Tempel, und langsam glaube ich, daß der Teich der Sieben Verdienste im Paradies dem Saiho-ji ähneln muß. Nichts könnte eine größere Augenweide sein.

Im Zuge dieser Aufwertung der ästhetischen Komponente des Gartens betrachteten auch die Zen-Priester selbst – von denen man ja intime Kenntnis buddhistischer Sprache und Dichtung erwartete – den Saiho-ji mehr und mehr als literarische Inspirationsquelle. Am letzten Septembertag 1400 stellte Saiho-ji-Priester Chui Kyukei folgende Liste poetischer Sujets zusammen, die Garten und Tempel entstammen. Aufgeführt sind zehn berühmte Orte: der Berg Koin, der Seita-Wald, das Shumyo-Tor, die Daiketsu-Brücke, das Kisho-Tor, die

Anker- oder Anlegersteine in einer Bucht des Goldenen Teichs

Yukoko-Villa, der Nanaore-Abhang, das Tal Kyoen, der Berg Shonichi und das Taiko-Feld. Weiterhin zehn mit dem Goldenen Teich verbundene Sujets: der Yogo-Stein, der Hosho-Stein, die Suichiku-Insel, die Hakuo-Insel, der Suisho-Pavillon, der Ruri-Pavillon, der Shonan-Pavillon, der Tanhoku-Pavillon, der Stein namens »Godo-Schiff« und die Yogetsu-Brücke. Die zehn Gedichte über den Berg Koin besingen das Kojo-Tor, den Tsusho-Pfad, das Baifu-Haus, die Halle Shito-an, die Ryuga-Höhle, das Ryoen-Wasser, die Kiun-Höhle, den Zazen-Stein, die Kongo-Plattform und den Shukuen-Pavillon. Schließlich noch zehn namentlich genannte Bäume: der Macho, der Garyo, der Hakkaku, der Manju, der Kosan, der Eppo, der Shinzan, der Keikan, der Shiun und der Bo'on.

Kyukeis Liste zeigt erneut, daß Zen keinen Unterschied macht zwischen Heiligem und Weltlichem: hier in Gestalt von Dichtung, die sich materiell Vorhandenes zum Gegenstand nimmt. Der Buddha und alle Dinge sind eins, und die Aufstellung einer solchen Liste – die den Gartenraum als organisierte Häufung von Einzelelementen zu deuten scheint – gleicht dem Versuch, die Existenz der Erde zu beweisen durch Auflistung aller Städte, die auf ihr verteilt liegen.

Von der zweiten Hälfte des 15. Jahrhunderts an brach eine Reihe von Katastrophen über den Saiho-ji herein, die ihn in seiner Ursprungsgestalt vernichteten. Zunächst, von 1467 an, wüteten Machtkämpfe in Kyoto, die elf Jahre dauerten (Onin-Krieg). Am 22. April steckte eine der Kampfparteien den Saiho-ji in Brand, und nur der Shonan-tei-Pavillon, der auf einer Insel im Teich stand, blieb unversehrt. Wiederholt folgten nun Zerstörung und Wiederaufbau. 1485 wurde der Tempel von einer Überschwemmung verheert, anschließend wiederaufgebaut vom Priester Rennyo vom Tempel Hongan-ji. 1568 machte ihn der mächtige Kriegsherr Oda Nobunaga dem Erdboden gleich; am Aufbau beteiligten sich diesmal Arbeiter aus Tanba, Izumi und Kawachi. Zwischen 1624 und 1644 erfolgten wiederum Hochwasserschäden, die behoben wurden durch Mitwirkung der Dörfer in Tanba und Yamashiro. 1688 zerstörte Hochwasser den Teichgarten, der nun dem Verfall überlassen wurde. Damit war der Garten in seiner Ursprungsgestalt aus dem 14. und 15. Jahrhundert endgültig vernichtet.

Zen blieb jahrhundertelang fast ausschließlich eine Religion der Kriegerkaste und fand darüber hinaus kaum Verbreitung. Solange die Kriegerfamilien – seine finanzielle Hauptstütze – an der Macht blieben, war alles gut. Erlitten diese Familien Niederlagen oder starben aus, war den jeweils unterhaltenen Tempeln die Existenzgrundlage entzogen; sie verloren ihre alte Stellung und alle Hoffnung, sie je wiederzugewinnen. Mit dem Machtverfall der Fujiwara ging alles Land, das Fujiwara no Chikahide dem Tempel geschenkt hatte, in andere Hand über, und der herrliche Garten des Tempels wurde zu einem Traumgebilde, einer Fiktion, der nur noch Dichter nachsinnen konnten.

Vom frühen 17. bis zum mittleren 19. Jahrhundert herrschte in Japan das Tokugawa-Shogunat mit Sitz in Edo (dem heutigen Tokyo); der Kaiserhof führte eine würdevolle, aber machtlose Existenz in Kyoto. Mitte des 19. Jahrhunderts wechelte die politische Gewalt wieder zum Kaiser, aber das Geschick des Saiho-ji wendete sich nicht mehr. Man überließ ihn ganz der Natur, die schließlich auf dem alten Gelände einen neuen Garten schuf. Das Feuchtklima der Region Kyoto begünstigt Mooswuchs an schattigen Stellen. Die meisten Moose bilden teppichartig-dichte Decken, andere buschähnliche Klumpen, die an Ballungen von schönen Zedernästen erinnern. Moose dieser Art überwucherten schließlich den größten Teil des Waldbodens im Saiho-ji. Gegen den Willen der Priester, die 600 Jahre versuchten, den alten Tempel wenigstens in Grundzügen zu retten. Vergeblich: Mit sanfter Gewalt hat sich das Moos durchgesetzt, und die meisten Japaner kennen den Saiho-ji heute nur noch unter der Bezeichnung Moostempel, nicht mehr unter dem Namen, den Muso Soseki ihm vor Jahrhunderten einmal gab.

Viele Gärten in Japan bestreiten heute ihre Unkosten aus den Eintrittsgeldern zahlreicher Touristen. Bei anderen blieb der ursprüngliche Zweck erhalten: das Hohelied der Natur zu singen und dem Menschen einen ruhigen Ort zur Entspannung und schöpferischen Entfaltung zu bieten. Hier einige Beispiele aus dem Erinnerungs- und Erfahrungsschatz des Autors: Shinju-an, ein Zen-Garten in Kyoto als Ort religiöser Meditation, ländliche Privatgärten und Teegärten, Bühne für Ritual und Raffinement.

GÄRTEN UND IHRE BESTIMMUNG

SHINJU-AN

Blick vom Haupttor zum Eingang. Ein gerader Weg aus behauenen Platten führt den Besucher am Kuri (Bau für allgemeine Zwecke) vorbei. Die Bäume sind sorgfältig getrimmt und beschnitten.

Trittstein-Arrangement. Vom geraden Platten-Paviment (hinter dem geschlossenen Tor) führt der Weg weiter über diese großen Trittsteine in glückverheißender 3-5-7-Anordnung. Ein starker, nach Zen-Tradition ›gewollter‹ Gegensatz.

»Wacholder«-Garten. Über die Trittsteine gelangt man vor den Hojo. Dieser Gartenteil wird von einer großen beschnittenen Kiefer beherrscht, die einen Wacholderbaum in einer chinesischen Geschichte über den Priester Bodhidharma symbolisieren soll.

Drei-Fünf-Sieben-Garten. Um die Ecke des Hojo herum nach Osten: reizvolle Gartenecke mit Steinsetzungen auf Moosgrund. Der frühere Ausblick auf den Berg Hiei ist heute von Bauten und Blattwerk versperrt. Das Dach des Hojo springt weit über den Garten vor, durch die Veranda und die offenen Schiebewände wird der Garten mit ins Haus ›hineingenommen‹.

Teegarten des Teigyoku-ken. Der Pfad aus Trittsteinen zieht sich ›um die Ecke‹ zur Veranda des Tsusen-in, wo die geladenen Gäste darauf warten, zur Teezeremonie gerufen zu werden. Links der niedrige Eingang *(nijiriguchi)* zum Teeraum.

Überdachter Verbindungsgang zwischen Hojo und Tsusen-in. Beispiel für gelungene Verschmelzung von Garten und Architektur im Shinju-an. Das Steinbecken dient der Hand- und Mundreinigung vor Betreten des Teeraums (Teigyoku-ken).

Nordgarten des Tsusen-in. Kurz vor dem Teeraum-Eingang gabelt sich der Pfad: der rechts abbiegende Teil führt um den Teeraum herum und mündet in den Nordgarten, eine sich breiter entfaltende Zone mit Großbepflanzung und Standard-Requisiten wie Laternen und Steinbecken. Hier herrscht beschauliche Ruhe, im Gegensatz zur erwartungsvoll-›gespannten‹ Atmosphäre des »Wacholder«-Gartens an der Vorderfront des Hojo.

PRIVATGÄRTEN

Residenz Shibayama. Erbaut 1908 im typischen Stil der Seidenraupenzüchter-Häuser dieser Gegend. Der Garten, 1925 fertiggestellt, enthält einen Teich und massige Steinsetzungen, ist aber wohl am bemerkenswertesten wegen seiner kunstvoll beschnittenen Großbäume: chinesische Schwarzkiefern, Osmanthus, Zypressen. (Gunma)

Residenz Fukui. Haus eines Sake-Herstellers. Erbaut 1897 unter Leitung von Teemeister Hayami Sogyu. Im Hauptgarten voluminöse, fast ganz in den Boden eingelassene Trittsteine. Beachtenswert: der kreisrunde Zentralstein und die großen Blöcke rechts und links vor der Veranda. (Shiga)

Residenz Fukui. Flache runde Steine, kontrapunktisch gesetzt zur Linie des gepflasterten Weges, die kraftvoll-direkt hinausführt in eine sich weiter öffnende Zone. Die ›geknickte‹ Form erinnert an den Paviment-Weg zum Haupteingang (im Farbbild vorgestellt auf S. 158).

Residenz Taira. Die Tairas waren eine reiche Grundbesitzerfamilie in der Region Hokuriku an Japans Nordküste. Gartenmaße: ca. 13 000 m². Das Bild zeigt, wie sich das traditionelle japanische Haus nach außen öffnet. Zwischen Veranda und Außenwand eine Binnengartenzone (Erdboden), die bei Schnee und schlechtem Wetter durch Schiebewände nach außen abgeschlossen werden kann. Ein für diese Region typisches Baumerkmal. (Ishikawa)

Residenz Murosaki. Entworfen von Sonoyama Shounen (1978). Felsblockgroße Steinsetzungen und eine hohe Schwarzkiefer in einer wuchtigen Trockenlandschaftskomposition. Eigentlich ist sie für die Größe des Gartens etwas zu monumental, vielleicht inspiriert von der Mauer und der ›dräuenden‹ Landschaft im Hintergrund. Der an den Garten angrenzende Hausraum ist mit Teppichboden ausgelegt. (Shimane)

TEEGÄRTEN

Teeschule Urasenke. Komplex von Gärten und Teepavillons, 1647 angelegt von Sen no Sotan, Enkel des großen Teemeisters Sen no Rikyu. 1780 abgebrannt, die heutigen Anlagen stammen aus dieser Zeit. Der hier zum Eingang führende Pfad und viele andere Gartenelemente aus Urasenke und der Nachbarschule Omotesenke haben enormen Einfluß auf die japanische Gartenkultur ausgeübt. (Kyoto)

Teeschule Omotesenke. Sitz einer anderen, vom Rikyu-Enkel Sosa gegründeten Teeschule. Der Garten ist als Wandelgarten – zum Durchschreiten – angelegt und heißt daher **roji** »mit Tau benetzter Weg«. Der Besucher soll die laute Welt hinter sich lassen und sich auf dem Weg durch den Garten still einstimmen auf die Zeremonie des Teetrinkens. (Kyoto)

Teeschule Mushanokojisenke. Die dritte große Teeschule, etwas entfernt von den anderen beiden, gegründet von Rikyus Enkel Soshu. Der Roji, zum Teeraum Kankyu-an führend, ist wie ein Bergpfad angelegt und dann beiderseits mit Zweck- und Zierelementen gesäumt worden: Laternen, Toren, Schöpfbecken. Das Tor im Bild ist wegen seines ausladenden ›Reetdachs‹ berühmt. (Kyoto)

Teeschule Omotesenke. Ganz hinten im rückwärtigen Teil der Anlage: der Fushin-an, angeblich einem von Rikyu selbst gegründeten Teehaus nachgestaltet. Der gegenwärtige Bau datiert von 1923. Der Gast betritt das Teehaus durch die quadratische Öffnung hinter der Holzschiebetür. Innen: ein Teeraum von nur drei Matten Größe. Die rohbehauenen Holzpfosten und die Lehmwände charakterisieren den bewußt schlichten, rustikalen Stil, den die Reichen und Mächtigen damals pflegten.

Koto-in. Eingang *(nijiriguchi)* zum Teeraum: Der Gast muß ihn gebückt betreten, eine Mahnung zur Demut. Vor dem Eintreten spült er sich Hände und Mund am steinernen Wasserbecken. So reizvoll der Ausblick auf den Garten vom Teeraum aus auch ist: Mit Beginn der Zeremonie wird die Holztür zugeschoben. Hauptfunktion des Teegartens ist das ›Hinführen‹ zum Teeraum. (Kyoto)

Teeschule Urasenke. Roji des Teeraums Yuin. Wegpavimente führen zum Steinbecken, außen viereckig, mit buddhistischen Figuren geschmückt, die eher Zier- als religiöse Funktion haben. Interessant ist hier, wie die Steine nach links hin plötzlich verstreut liegen. Im ritualisierten Rahmen des Teegartens sind solche ›natürlichen‹ Effekte stets genau kalkuliert, sind Requisit wie das Wasserschöpfbecken.

SHINJU-AN:
EIN ZEN-GARTEN

Große zen-buddhistische Tempel haben meist eine Reihe Subtempel (Nebenklöster, *tatchu*), wo als Hauptkultfigur nicht der Buddha selbst, sondern ein ehemaliger Abt des Klosters verehrt wird. Ein solcher Subtempel ist der Shinju-an; er gehört zum Zen-Tempel Daitoku-ji in Kyoto. Der Priester, welcher dort Verehrung genießt, Ikkyu Sojun (1394–1481), 48. Abt des Daitoku-ji, war ein begabter Poet und Maler und entstammte einer der vornehmsten Familien der japanischen Geschichte, den Fujiwaras. Seine Jünger verließen nach dem Tod des Meisters seinen Wohnsitz nicht, sondern blieben und gründeten 1491 den heutigen Shinju-an, einen wohl recht unprätentiösen Tempel, wie man aufgrund der Wirren und Bürgerkriege der damaligen Zeit vermuten darf.

Die meisten Anlagen dieser Art sind heute für Touristen zugänglich, nicht so der Shinju-an: Ein Schild am Eingang verbietet den Zutritt. Der jetzt amtierende Priester Sobin Yamada, 1919 geboren, sieht sich lediglich als eine Art Wahrer und Hüter des Shinju-an in der heutigen Welt.

Unklar ist die Herkunft des Namens: Er bedeutet »Perlen-*(shinju)* Erbe *(an)*«. Ein Buch namens *Kosonjuku goruku* führt ihn zurück auf die Geschichte vom verfallenen Haus des chinesischen Zen-Mönches Yangqi, der sein Leben auf ruheloser Wanderschaft verbrachte und für den Ikkyu höchste Bewunderung hegte. In einer kalten Winternacht soll Schnee durch Yangqis Hausdach auf den Boden gefallen sein und dort später, bei klarem Himmel, wie ›Perlen‹ im Mondschein geleuchtet haben, daher der Name. Zum Gedenken daran soll Ikkyu im Kuri (Küche und Allzweckgebäude) die übliche Papierbespannung der Schiebewände weggelassen haben, damit der kalte Wind hineinwehen konnte. Nach einer anderen Version kommen die ›Perlen‹ vom perligen Schnee auf dem Moos des Teepavillons Teigyoku-ken im Shinju-an; in diesen Schneeperlen verkörpere sich die zen-typische Verbindung von Strenge und Schönheit.

Der Tempelbezirk mißt rund 6000 m², hat zwei Tore und neun Holzgebäude; bewohnt wird er nur von zwei Menschen,

Haupttor des Shinju-an

Bildnis des Ikkyu

dem Hauptpriester selbst und einem 20 bis 30 Jahre alten Novizen. Tagsüber kommen noch zwei Haushälterinnen. Eine junge Haushälterin begrüßte mich, als ich eines Tages im Herbst den Shinju-an besuchte.

Als ich mit dem Hauptpriester im mattenbelegten Raum saß und mich unterhielt, hörte ich im Garten den Ruf eines Würgers. Dieser Wandervogel kommt normalerweise nur im Spätherbst nach Japan – aber das Ahornlaub zeigte an meinem Besuchstag noch keine Rotfärbung. Der Priester erklärte mir, daß dieser spezielle Vogel den Shinju-an-Garten liebgewonnen habe und das ganze Jahr dort bleibe.

Der Garten, wie er sich an diesem Tag darbot, hatte zweifellos keine Ähnlichkeit mehr mit dem Originalgarten aus dem Gründungsjahr 1491. Unvorstellbar, daß damals in Kriegszeiten, als die Priester Wahrheit in mönchischer Armut suchten, die jetzigen Gebäude und Gärten entstanden sein sollen. Das Buch *Socho shuki* schildert das Aussehen des Shinju-an im September 1526 und sagt, dort stünden nur provisorische Bauten. Es gab nichts außer einem Becken für rituelle Waschungen, ein paar Steinen und Pflaumenbaum-, Kamelien- und niedrigen Bambuspflanzungen. Die heutige Gestalt erhielt der Shinju-an erst Anfang des 17. Jahrhunderts, mit Beginn der langen Friedenszeit in Japan.

Der Subtempel gliedert sich in drei Hauptzonen. Die erste ist mehr nach außen orientiert und umfaßt Haupttor, Kuri (1609), Hojo (Haus des Hauptpriesters, 1638) und das Wohngebäude Tsusen-in (ebenfalls 1638). Das Haupttor geht nach Westen. Das wichtigste dieser Gebäude ist der Hojo, die Hauptpriesterresidenz, aus sechs Räumen bestehend, allseitig von Verandas mit Bretterboden eingefaßt, mit einem Schindeldach aus Zypressenrinde. Als Residenz wird dieser Bau nur zu allerhöchsten Anlässen benutzt. Im Mittelraum hält der Priester jeden Morgen Gottesdienst und liest Sutren vor einem buddhistischen Schrein mit einer Statue des Ikkyu. Weitere im Shinju-an abgehaltene Zeremonien: Gedenkfeiern zu Ikkyus Tod am 21. Oktober; Urabon-Gottesdienste zum Andenken an die Totengeister: 13. bis 15. August; Neujahrsgottesdienste vom Abend des 30. Dezember bis zum 15. Januar. Die Räume werden auch bei strenger Kälte nicht beheizt. Eine kleine Zahl Gläubige wohnt diesen Zeremonien bei.

Der Garten an der Süd- und Ostseite des Hojo zeigt Moosbewuchs, einige wenige Kiefernbäume, eine niedrige Hecke. Die größte Kiefer breitet die Äste niedrig ausladend vor einer weißen Lehmmauer aus. Sie wurde 1932 gepflanzt und steht – wie schon ihre ähnlich gewachsene und gestaltete Vorgängerin – symbolhaft an dieser Stelle.

Der Vorgarten ist nämlich – ohne daß dem flüchtigen Normalbesucher dies bewußt wird – ein *koan,* eine jener berühmten, absurd scheinenden Problemstellungen, mit denen Zen-Priester ihre Schüler zur Erleuchtung zu führen suchen. Der Kiefernbaum entstammt einer Sage vom großen indischen Priester Bodhidharma, der nach China reiste und dort Anfang des 6. Jahrhunderts den Buddhismus einführte. Ein chinesischer Priester namens Jiaozhou soll Bodhidharma nach der ›eigentlichen Bedeutung‹ seiner Chinareise gefragt haben. Antwort des großen Priesters: »Der Wacholderbaum vorn im Garten.« An diesen Dialog soll der priesterliche Garten erinnern; nur mußte man den Wacholderbaum durch eine Kiefer ersetzen, weil der genannte Wacholder nur in Korea und China, nicht in Japan wächst. Ich bat Sobin Yamada, mir die Sage zu deuten: Doch seine Erklärung war so schwer, daß ich ihr nicht folgen konnte.

Das schmale Gartenstück östlich des Hojo heißt volkstümlich Drei-Fünf-Sieben-Garten. Es enthält 15 Steine in fünf Gruppen, neben sparsamer Bepflanzung: Azalee, Zypresse und *mokkoku (Ternstroemia japonica).* Die Zahlen drei, fünf und sieben gelten als gutes Omen: Dieser Gartenteil soll Glückssymbol für den Hauptpriester sein. Am Außenrand des Gartenstreifens: eine niedrige Hecke und eine Lehmmauer. Heute stehen hinter der Lehmmauer Ahornbäume, früher, ehe Kyoto zur jetzigen Größe heranwuchs, hatte man von hier einen weiten Blick auf den Berg Hiei und die Reis-

Daitoku-ji-Tempelbezirk (Übersichtsplan) und Plan des Shinju-an

1. Ryogen-in
2. Sanmon
3. Butsu-den
4. Ho-do
5. Hojo
6. Sangen-in
7. Zuiho-in
8. *Shinju-an*
9. Daisen-in
10. Hoshun-in
11. Juko-in
12. Ryosho-ji
13. Koto-in
14. Gyokurin-in
15. Ryoko-in
16. Koho-an

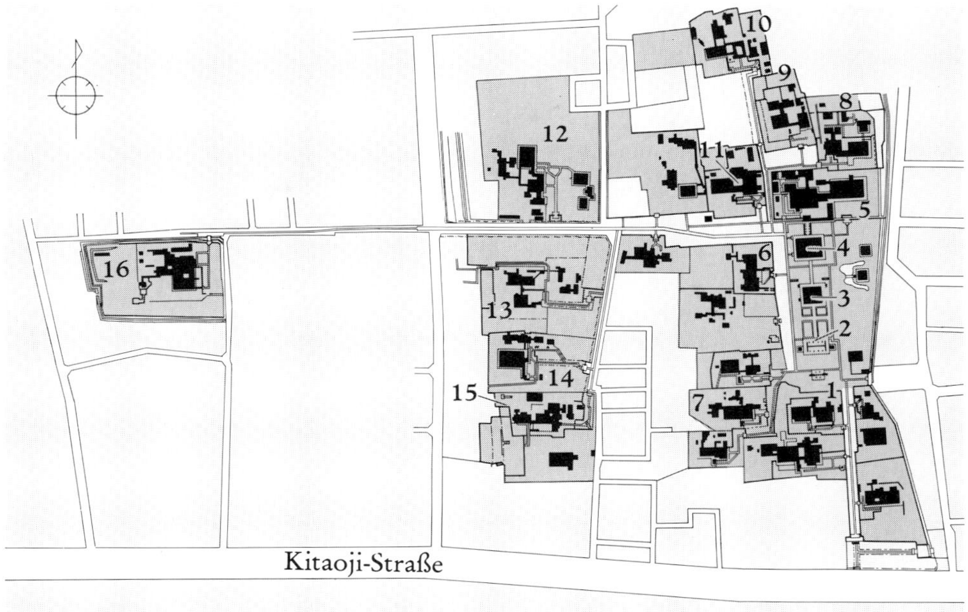

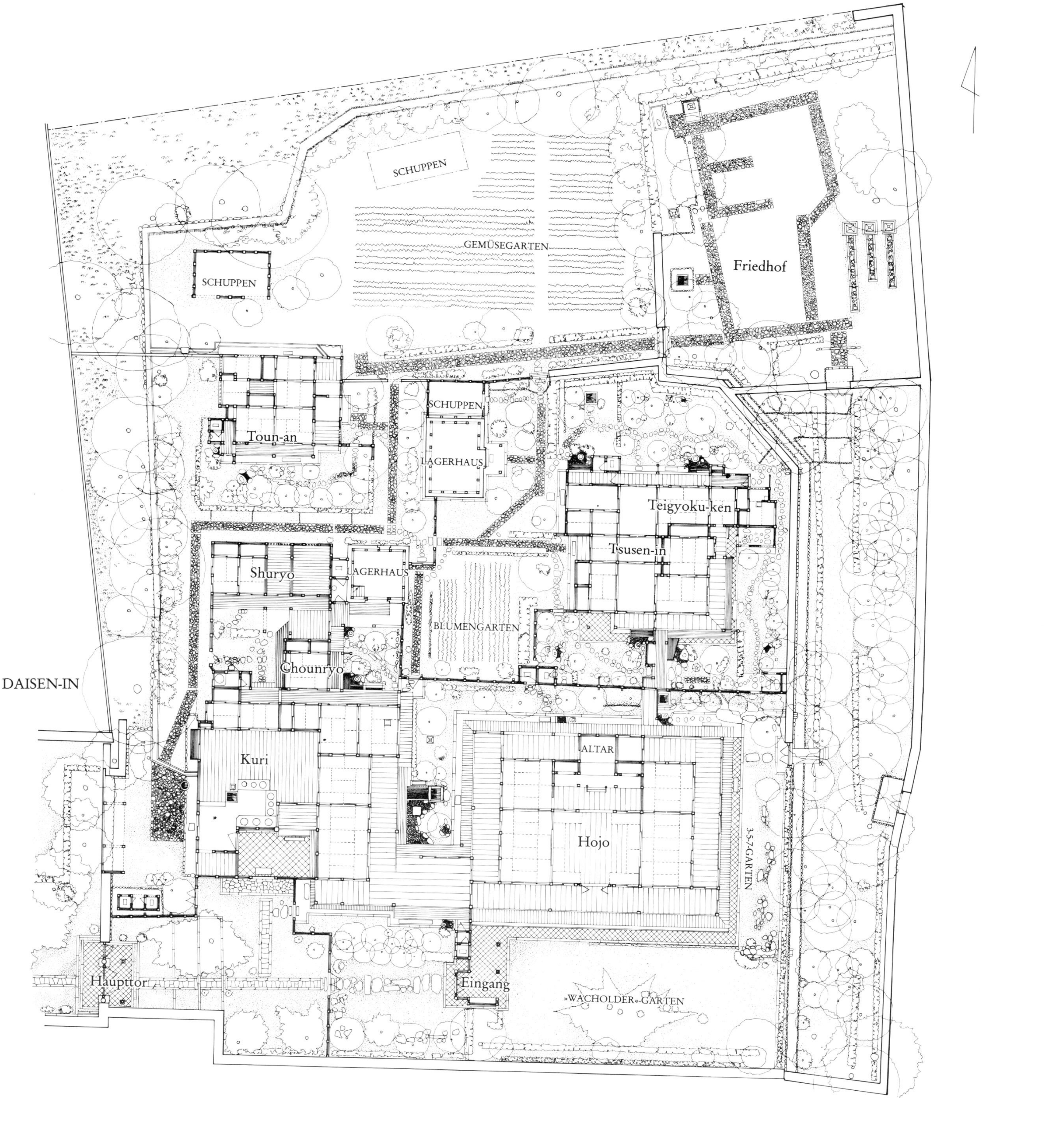

Diese und folgende Seite: Kalligraphien von Ikkyu, beiderseits des Shinju-an-Altars hängend. Sie mahnen zur rechten Einhaltung des Kultus

felder beiderseits des Kamo-Flusses. Mit anderen Worten: Der Garten hat sich einmal des Prinzips der ›Geborgten Szenerie‹ bedient, des Einkomponierens außenliegender Landschaftselemente.

Im Gegensatz zum herb-strengen Südgarten mit seinen Zen-Assoziationen herrscht im Ostgarten – er grenzt an die beiden Räume, wo der Hauptpriester Gäste empfängt – eine gelöstere, beschaulichere Stimmung.

Im Kuri-Gebäude eines Zen-Tempels wird die Nahrung zubereitet, werden die Chroniken aufbewahrt, Materialien gelagert; daneben dient er als Allzweckbau. Der Kuri – das älteste Gebäude im Shinju-an – hat einen Vorraum mit festgestampftem Erdboden *(doma)* mit einem Brunnen und einem Reiskochherd mit neun Aufbewahrungsbehältern für Feuerholz. Angrenzend eine geräumige Eßküche mit Bretterboden; ein Zwölf-Matten-Empfangszimmer für Gäste; ein Sechs-Matten-Raum, der dem Wohnzimmer eines normalen Hauses entspricht, und ein Viereinhalb-Matten-Raum, wo der Hauptpriester schläft.

Ein Garten stößt an den überdachten Verbindungskorridor zwischen Hojo und Kuri. In seiner Mitte: ein Brunnen. Früher war sein Wasser für die buddhistischen Zeremonien und den Alltagsgebrauch notwendig, heute, seit der Installation fließenden Wassers, dient er nurmehr als Dekorationsstück. Dieser schöne Garten kann vom Empfangs- und Wohnraum des Kuri, vom Hojo und vom Verbindungsgang aus betrachtet werden.

Der Eingangsbereich zwischen Haupttor und Kuri ist ebenfalls ein simpler Gartenraum. Durch diesen Vor-Garten geht der Gast am Kuri vorbei zu einem zweiten, inneren Tor, hinter dem ein Weg aus großen Trittsteinen zum Eingang des Hojo-Bereichs führt. Hier, vor dem erhabensten Bau im Shinju-an, soll der Gast sich sammeln und zur rechten Einstimmung gelangen; der Garten soll ihm dabei helfen. Moose und Bäume dominieren diesen Gartenteil, vor allem aber die großen und auffallend geformten Trittsteine, eine Kontrastwirkung so ganz nach Zen-Geschmack. Hinter dem Eingang dann der Südgarten, hier steht der Besucher vor der großen Kiefer mit ihrem Bezug zum Wacholderbaum vorn im Garten.

Subtempel weisen normalerweise auch Wohnräume für Priester auf, die zum Hauptpriesteramt qualifiziert, aber noch nicht dazu aufgestiegen sind. Auch im Shinju-an gibt es noch zwei solcher Residenzen: der Toun-an und der Tsusen-in. Früher gab es noch zwei weitere, deren Namen – Tekito-ken und Umeya-ken – sich von Zen-Sprüchen herleiten. Das *ume* in Umeya-ken beispielsweise heißt Pflaume, und ein Zen-Spruch sagt, man kann sich am blühenden Pflaumenbaum erst dann erfreuen, wenn man die Winterkälte gespürt hat.

Der Tsusen-in mit seinen zwölf Räumen war ursprünglich Ankleidehaus einer hohen Hofdame des Kaisers Ogimachi (1517–1593). Später erwarb ihn der Hofarzt Nakarai Zuisaku; er fühlte sich aber unwürdig, in Räumen zu wohnen, die so hohe Persönlichkeiten gesehen hatten, und schenkte ihn dem Shinju-an. Angrenzend der Teepavillon Teigyoku-ken im Stil des Teemeisters Kanamori Sowa (1584–1656). Zwar formell noch Residenz genannt, dient der Tsusen-in heute nur noch in Ausnahmefällen als Gästewohnung; in ihm warten Gäste, die zur Teezeremonie im Teigyoku-ken geladen sind.

Die Gärten des Hojo sind als Schaugärten (›zum Betrachten‹) angelegt, der vom Tsusen-in, dem Teigyoku-ken und der Lehmmauer umgrenzte schmale längliche Raum dagegen als Teegarten (›zum Durchschrittenwerden‹). Er hat Trittsteine und Paviment-Abschnitte; der Gast, der ihn vom Verbindungsgang zwischen Hojo und Tsusen-in betritt, findet ein Steinbecken mit Wasser, wo er sich Hände und Mund reinigen kann, ehe er sich auf den Trittstein-Pfad begibt und nach links in den Garten des Teepavillons einbiegt. Normalerweise müßte ungefähr hier eine Laube stehen, in der die Geladenen warten, bis der Gastgeber sie zur Teezeremonie ruft. Im Shinju-an übernimmt die Veranda des Tsusen-in diese Aufgabe.

Teigyoku-ken, Innenraum

Binnengarten zwischen Hojo und Kuri

In der ersten Zone des Shinju-an sind mithin alle offenen Räume zwischen den Gebäuden und Umfassungsmauern als Gärten angelegt bzw. gedacht. Die Gebäude selbst sind sämtlich offen und von Verandas mit Holzboden eingefaßt; diese dienen als neutraler Übergangs- und Verschmelzungsraum zwischen dem Hausinneren (wo Tatami-Matten liegen) und dem Garten. Wenn Regentüren und Shoji-Wände zugeschoben sind, ist die Veranda eher Außenraum, Wind und Wetter ausgesetzt. Andererseits bleibt sie durch den Dachvorsprung vor Regen und Verschmutzung weitgehend geschützt und sauber genug, daß man mit nackten Füßen darauf gehen kann; in diesem Sinne gehört sie zum Innenraum. Ein gleitender Übergang zwischen Haus und Garten, wie er nicht nur dem Shinju-an, sondern der gesamten traditionellen Wohn- und buddhistischen Tempelarchitektur in Japan eigen ist; die Grenzen sind fließend, eine scharfe Trennlinie zwischen Drinnen und Draußen kann nicht gezogen werden.

Die zweite Zone ist weit privater als die erste. Das Hauptgebäude hat vier Räume: drei allgemeine Wohnbereiche und ein kleines Zimmer – drei Matten groß, mit einem Schrank –, wo der Novize schläft. Angrenzend: eine 90 cm breite Veranda und ein winziger Garten, der diesen Namen eigentlich kaum mehr verdient. Novize und Hauptpriester wohnen bescheiden, weil der Zen-Buddhismus Genügsamkeit lehrt. So beengt zu wohnen, gilt als Tugend und als Übung in religiöser Selbstzucht.

Nördlich dieses Gebäudes liegt der Toun-an, ein Wohnbau für Priester, die qualifiziert sind, eigene Subtempel zu führen. Da es derzeit im Shinju-an niemanden mit dieser Qualifikation gibt, steht das Haus leer. Der Garten auf seiner Süd- und Ostseite ist im Teegartenstil gestaltet. Zwei weitere Wohnbauten sind abgerissen worden. Zwei normale Lagerhäuser in traditioneller Lehmbauweise schützen die Wert- und Ritualgegenstände des Tempels.

Zwischen der ersten und zweiten Zone, die großenteils von Lehmmauern und Hecken eingefaßt sind, liegt ungefähr in der Mitte ein Blumenbeetareal: schön anzuschauen, aber im

Gemüsegarten hinter dem Shinju-an

japanischen Sinn eigentlich kein Garten. Es dient ›nur‹ der Zucht von Schmuckblumen für die Altäre und Schreine des Tempels. Wie um seine Niedrigkeit zu betonen, kehren ihm alle umliegenden Gebäude den Rücken zu: südöstlich hinter einer Mauer der Hojo, südwestlich, ebenfalls hinter einer Mauer, der Kuri; auf der Westseite eine Mauer und die Rückfront eines Lagerhauses, im Norden das andere Lagerhaus. Nicht als Garten verstanden, wird die farbenfrohe Blumenecke weder zur ersten (öffentlicheren) noch zur zweiten (privateren), sondern zur dritten Zone gerechnet.

Diese dritte, innerste Zone schließt mit ein: den Friedhof, wo Generationen von Hauptpriestern und Tempelangehörigen begraben liegen; einen großen Gemüsegarten; einen Brennholz- und einen Werkzeugschuppen; schließlich einen Bambus- und Baumwald als Windschutz und Abgrenzung zu den Nachbargrundstücken. Wie in allen Zen-Tempeln zählt auch das Pflügen der Felder, das Reinigen des Friedhofs, das Stutzen der Bäume und das Zusammenharken des Laubs mit zur Zen-Zucht.

Sobin Yamada hat Sinn für die Schönheit des Ortes, an dem er lebt. »Ich liebe den Garten besonders zu zwei Zeiten im Jahr«, sagt er. »Im Mai, wenn die frischen jungen Blätter – so ganz anders als das Grün des Mittsommers – unter blauem Himmel leuchten und weiße Wolken majestätisch vorbeiziehen; und im Herbst, von Mitte November bis Anfang Dezember, wenn sich der Ahorn verfärbt und Vogelstimmen die Stille noch tiefer wirken lassen.«

Doch der Garten macht dem Hauptpriester und seinem einzigen Novizen allerdings auch viel Arbeit; fast das ganze Jahr sind sie allein dafür verantwortlich. Dies zählt zu ihren Ordenspflichten. Im Morgengrauen stehen sie auf und bereiten das Morgenmahl: Auch das Essen ist strengen formellen Regeln unterworfen. Wenn sie fertig sind, gehen sie an die Reinigung der Gärten. Die gemeinsame Tagesarbeit konzentriert sich auf die erste Zone, dafür brauchen sie zusammen etwa zwei Stunden. Nach einem Sturm dauert es noch länger. Um die zweite und dritte Zone kümmert sich der Novize

Südgarten des Wohngebäudes Toun-an

Friedhof des Shinju-an

allein, auch um den Gemüsegarten, wenn er Zeit findet. Zen-Priester jeden Alters und Ranges erachten solche Handarbeit als ebenso wichtige Übung und Schulung wie das Lesen von Sutren und Abhalten von Gottesdiensten, das Studieren und sitzende Meditieren.

Nur einmal im Jahr sind Novize und Hauptpriester von der Gartenarbeit befreit: Am Anfang der heißesten Sommerzeit, wenn die Bäume am stärksten wachsen. Dann kommen Gartenspezialist Kanzo Fujiwara und ein Trupp Helfer, um das Grobstutzen vorzunehmen. Wenn er dann auf der Veranda sitzt und den Gärtnern beim Trimmen und Beschneiden zuschaut, scheint der alte Priester seiner Arbeits- und Pflichtenbürde endlich einmal enthoben. Aber wenn die Gärtner fort sind, muß er aufräumen.

EIN LÄNDLICHER PRIVATGARTEN

Fast alle 60 Häuser dieses Dorfes sind von chinesischen Schwarzkieferhecken umgeben und haben an der Rückfront Bambushaine. Karauschen und andere Kleinfische tummeln sich im klaren Wasser des Dorfbaches, der neben der schmalen Dorfstraße fließt; die Straße ist so eng, daß sie nur einem einzigen Auto Durchlaß bietet. Früher war dies überwiegend ein echtes Bauern- und Pachtbauerndorf. Heute arbeiten die meisten Bewohner in der Stadt, sechs Kilometer entfernt, und treiben Landwirtschaft nur noch als Nebenerwerb. Die Häuser und Hofanlagen haben jedoch den bäuerlichen Charakter bewahrt.

Das Haus, das hier beschrieben werden soll, besitzt ein großes Torhaus vom *nagayamon*-Typ und einen Bretterzaun um das ganze Grundstück. Die über den Zaun ragenden Kiefern-, Ahorn- und Kampferbäume lassen erkennen, daß es sich um das Haus eines Grundbesitzers gehandelt hat. In den Bodenreformen der Nachkriegszeit hat der Besitzer sein Land verloren. Die ältere Familiengeneration starb; Kinder wuchsen heran und zogen fort, in die Stadt. Der älteste Sohn ist nach seiner Pensionierung jetzt ins Dorf zurückgekommen und in das alte Haus eingezogen, um sich darum zu kümmern. Einmal im Jahr kommen Brüder und Schwestern mit ihren Familien zum großen Sippentreff und zu Ahnengottesdiensten hierher. Der Garten ist unverändert geblieben: Um aber seine frühere Benutzungsweise durch die Familie kennenzulernen, müssen wir ungefähr ein halbes Jahrhundert zurückgreifen.

Das Hausgrundstück war vor dem Zweiten Weltkrieg ebenso groß wie heute (5000 m²); der Plan (nächste Seite) zeigt nur etwa ein Drittel des Gesamtgrundstücks. Den Rest nahmen ein: Obst- und Gemüsegärten für den Hausgebrauch; eine Ecke zum Wäschetrocknen; ferner ein Blumengarten, der Zierblumen für den buddhistischen Hausaltar, die Kinderzimmer und die Vasen in den Wohn- und Empfangsräumen lieferte. Die Pflaumenbäume, die am Frühlingsanfang blühten, waren als reine Nutzbäume gepflanzt. Die Schwertlilien – Blütezeit Frühsommer – waren für das Fest am

Das Torhaus

Das Landhaus mit Nebengebäuden und Gärten

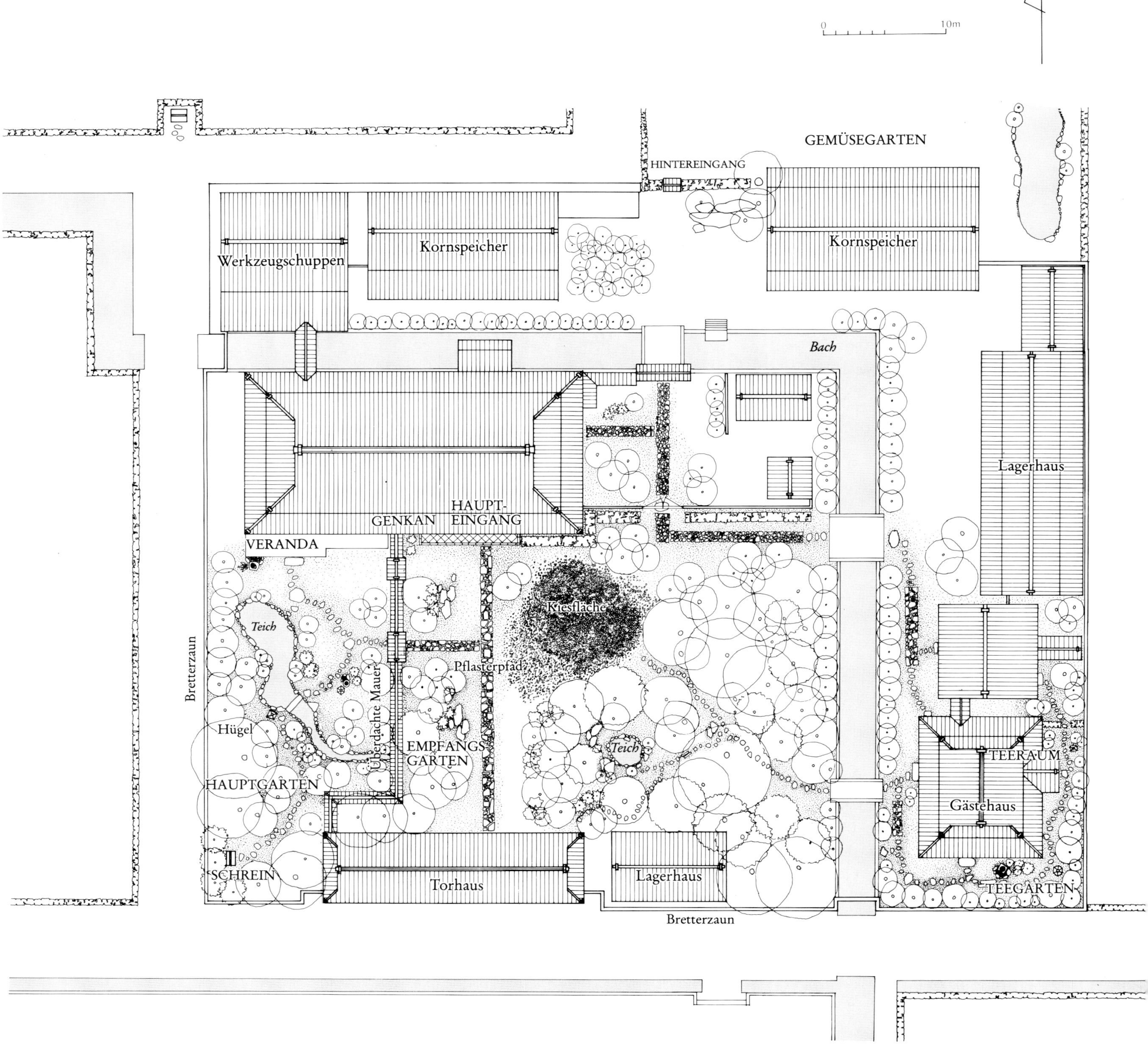

›Knabentag‹ (5. Mai) gedacht. Weitere Bepflanzung dieser Zone: Pfirsich, Kirsche, Quitte und viele Chrysanthemenarten. Sie wird hier nicht gezeigt, weil die Familie sie nicht als Garten im streng japanischen Sinn betrachtete.

Ein Hauptcharakteristikum der Hofanlage ist der L-förmig hindurchfließende Bach. Er ist knietief, mit Kieselgrund, eingedeicht von einem Steinwall. An heißen Sommertagen konnten Erwachsene und Kinder darin baden und sich erfrischen; Frauen wuschen darin die Wäsche, ehe es elektrische Waschmaschinen gab. Sehr reizvoll, besonders für abendliche Besucher: die Leuchtkäfer über der Bachoberfläche. Wenn die Herbstwinde kamen, zirpten Grillen in den Strauchkleebüschen, deren Blüten sich im Wasser spiegelten. Im Winter rann Tauwasser lautlos in den Bach.

Weiteres Kennzeichen dieses Hofes: seine drei Brunnen. Überall ist hier reichlich sprudelndes Grundwasser vorhanden; man sollte vielleicht eher von drei Quellen als drei Brunnen sprechen. Einer davon liefert Trinkwasser, die beiden anderen speisen den Gartenteich. Das Wasser – das ganze Jahr über von ziemlich gleichbleibender Temperatur – wirkt im Winter warm, im Sommer kalt. Das Dorf besitzt heute Leitungswasser-Installation, aber die Bewohner dieses Hauses bevorzugen immer noch das Brunnenwasser – es wird übrigens auch nach starken Regenfällen nie schlammig. Bach und Brunnen sind harmonisch in die Gartenanlage integriert.

Im modernen japanischen Mittelklasse-Haushalt ist der Hauptgarten für die Familie, nicht für die Gäste gedacht. Früher war das in Japan umgekehrt, namentlich, als in Gesellschaft und Familie noch die Feudalordnung herrschte: Da diente der Garten vor allem den Gästen. Was nicht hieß, daß die Familie nicht hinein durfte, sie konnte durchaus den Hauptgarten benutzen.

Zwangsläufig spiegelten Anlage und Stil des Feudalzeit-Gartens die Gesellschaftsordnung, ihr hierarchisch-ständisches Wesen. Individueller Rang maß sich am Rang der Familie. Zur Aufrechterhaltung der gesellschaftlichen Stellung

Hauptgarten, von der Veranda gesehen

der Familie waren menschliche Beziehungen bedeutsam: zu Dorfnachbarn, Verwandten, Mitarbeitern, Lehrern der Kinder usw. Wichtig daher, Menschen unterschiedlichen Ranges mit jeweils ›passender‹ Höflichkeit zu behandeln; hier Formfehler zu begehen, konnte unangenehme Folgen für den Haushalt haben.

Noch ein weiterer Faktor mag bei der Ausbildung der japanischen Gastfreundschaft mitgespielt haben. Seit Urzeiten gibt es im Volksglauben die Vorstellung vom ›seltenen Menschen‹ *(marebito)*, einem Gast, der nur sehr selten zu Besuch kommt. Diese Vorstellung verkoppelte sich mit dem Bild von überseeischen Göttern, die zu ganz raren Gelegenheiten erscheinen und der Welt und der Familie, die sie besuchen, Glück bringen. Im Lauf der Jahrhunderte Veränderungen unterworfen, hat die *marebito*-Idee möglicherweise die Zuvorkommenheit mitgeformt, mit der die Japaner ihre Gäste behandeln. Und sie erklärt das Vorhandensein des Haupt- (Gäste-) Gartens in der Südwestecke der Anlage.

Wir wollen uns vorstellen, daß ein Gast die Familie an einem Frühlingstag besucht. Durch das Torhaus gelangt er auf einem Paviment-Weg zum Haupteingang des Hauses. Links stehen Pflaumenbäume *(Ternstroemia japonica)*, Nandinen, Buchen und Azaleen. In der Regenzeit (Juni/Juli) zieren in dieser Zone sieben Päonien mit zahllosen Blüten den Garten. Kleine Chrysanthemen bilden einen Teppich um eine Steinsetzung herum. Rechts: ein kleiner künstlicher Hügel, ein Teich mit einer Quelle, zwei Varietäten des wohlriechenden Ölbaums, chinesische Schwarzkiefern, Ahorn, stumpfblättrige Kamelie und Azaleen. Zwischen Teich und Haupthaus liegt eine Kiesfläche, groß genug, daß ein Auto darauf wenden kann. Ein etwa mannshoher Stein und drei Kiefern flankieren den rückwärtigen Hauseingang. An der Grenze zum Hintergarten: eine niedrige Hecke aus chinesischer Schwarzkiefer und eine große Eiche.

Normale Gäste und Familienmitglieder betreten das Haus durch den Haupteingang, der drei verschiedene Arten Schiebetüren besitzt: große Holzschiebetüren, die nur nachts vorgeschoben werden; *shoji*, die in der unteren Hälfte aus Holz sind (nur für den Winter); und Gittertüren (für die übrigen Jahreszeiten). Zwar bildet die Gittertür eine gewisse Trennung zwischen drinnen und draußen, aber sie ist nicht abschließbar; jeder kann sie aufmachen. Sie gibt Einblick in das Hausinnere und umgekehrt den Bewohnern einen guten Blick auf Gäste, die durch das Haupttor und den Empfangsgarten kommen.

Ein Gast von höherem Rang als die Familie – zum Beispiel der Priester oder der Arzt – benutzt nicht diese Tür, sondern den ›offizielleren‹ Eingang *genkan* links davon. Der *genkan* bleibt – auch bei geöffnetem Torhaus – durch die Bäume, Steine und Päonien des Empfangsgartens vor Blicken abgeschirmt. Wenn keine Gäste da sind, können Familienmitglieder im *genkan* sitzen und an heißen Sommerabenden die kühle Südbrise genießen.

Wer am *genkan* eintritt, geht zwei Stufen hoch und betritt einen Acht-Matten-Raum, von wo er sich nach links wendet zum Zwölf-Matten-Wohnraum. Dieser ist ausgestattet mit einer Ziernische und einem Regal, was ihn als würdevollsten Raum des Hauses ausweist. Von hier aus hat der Gast den ersten Blick auf den Hauptgarten, der noch schöner wirkt, wenn der Gastgeber den großen ›Schuh‹-Stein vor der Veranda und die Trittsteine und Bäume als Willkommenszeichen mit Wasser besprengt hat.

Zur Straße hin ist der Hauptgarten durch den Bretterzaun abgegrenzt, zum Empfangsgarten hin durch eine verputzte überdachte Gartenmauer. Zwei separate Eingänge führen durch diese Mauer: einer für Gäste, der andere für die Familie, für Lieferanten usw.

Der Gartenteich ist mit Steinarrangements und Azaleengruppen eingefaßt. Am Westende des Teiches – dort sprudelt ständig Quellwasser hoch – blühen im September kleine rosarote Blumen in verschwenderischer Fülle: leuchtender Akzent an trüben Herbsttagen. Neben dem Teich ein niedriger Hügel, bepflanzt mit einem dichten Hain bemooster Bäume, in dem sich ein kleiner Shinto-Schrein verbirgt. Der

Brücke zum Gästehaus

Teegarten

Gartenpfad beginnt an dem ›Schuhstein‹ an der Veranda, führt an der Teichquelle und dem Gästetor vorbei zu einer erdbedeckten Brücke im ländlichen Stil, über den Teich hinweg zu dem Schrein mit seiner Steinlaterne und dem Wasserschöpfbecken.

Zu den einzelnen Jahreszeiten spielen unterschiedliche Elemente die Hauptrolle im Garten. Anfang des Frühlings, wenn starker Wind durch die Kiefernbäume weht, die Pflaumen- und Magnolienblüte. Im Frühsommer als beherrschender Akzent das Grün eines riesigen Ahorns, das Dach überragend. Zu Herbstanfang blüht der *kaido* (*Malus halliana,* eine Apfelart); später leuchtende Herbstfarben des Ahorns und anderer Laubbäume. Im Winter dann der Schnee, alles einebnend und egalisierend, bis auf die schwarze Fläche des Teichs.

Gäste erfreuen sich am Bild des Gartens vom Empfangsraum aus, gehen aber nie in den Garten hinein oder darin spazieren. Sind keine Gäste da, dürfen aber die Kinder im Garten spielen: Karpfen im Teich jagen, unter den Bäumen herumlaufen und Zikaden fangen, im Schatten Bücher lesen. Nur auf die Bäume klettern dürfen sie nicht – wenn Äste abbrechen, könnte die Baumform verdorben werden.

Die Zimmer zum Bewirten der Gäste liegen auf der Südseite des Haupthauses, die Familienräume – Eßzimmer, Küche, Waschräume und Toiletten, Schlafzimmer, Ankleidezimmer, Dienstbotenzimmer – auf der Nordseite. Auf dieser Seite geben Gitterfenster Ausblick auf den ganzen Nordostteil: ein Werkzeugschuppen, zwei Kornspeicher, ein allgemeines Lagerhaus und das zum hinteren Gemüsegarten führende Tor. In einer Baumgruppe neben diesem Tor steht ein Dattelpflaumenbaum und eine Stachelesche, die beide eher Zweck- als Zierfunktion haben, die Dattelpflaume wegen ihrer Früchte, die Stachelesche wegen ihrer jungen Blätter und Beeren, die als Gewürz Verwendung finden. Hochgewachsene Baummalven, hier in der rückwärtigen Zone in großer Zahl angepflanzt, erfreuen bei Mahlzeiten das Auge der Familie im Spätsommer und Herbst durch ihre rosarot-weiße Blütenpracht.

Von der Brücke, die zum freien Platz zwischen den Kornspeichern hinüberführt, kann man den Bach hinauf- und hinunterblicken und zu den Baummalven hinüberschauen. Doch die Brücke wird als Aussichtspunkt von den Erwachsenen nie genutzt: Sie ist Domäne der Kinder, die hier manchmal Angelschnüre ins Wasser hängen, allerdings nicht in der Absicht, Fische zu fangen. Niemand im Haus – und im ganzen Dorf – würde die bunten Karpfen *(senpara)* essen, die hier als Zierfische schwimmen. Nicht nur wegen des buddhistischen Tötungsverbots, und weil *senpara* nicht gut schmeckt. Sondern vor allem, weil die farbenfrohen Zierkarpfen einfach viel zu hübsch sind. Sie bleiben im Bach unbehelligt – so will es die Familie.

Der dritte Garten umgibt auf drei Seiten (Osten, Süden und Westen) ein separates zweistöckiges Haus in der Südostecke der Hofanlage, das Gästehaus. Im Erdgeschoß liegen vier Tatami-Räume; vor dem Hauptraum in der Südwestecke eine zwei Meter breite Veranda. Wenn die Shoji-Schiebewände zugeschoben sind, wird ihre Papierbespannung zur Leinwand, auf der sich schwankende Zweige, vorbeifliegende Vögel abbilden. Sind sie offen, bietet der Hauptraum Aussicht über den Bach und durch einen Baumhain bis zum Empfangsgarten vor dem Haupthaus.

Einer der vier Räume im Erdgeschoß ist für die Teezeremonie ausgestattet, und um den südöstlichen Hausteil zieht sich ein Teegarten, komplett mit Trittsteinen, Wasserschöpfbecken und Steinlaterne. Seit 1925 hat freilich nur noch ein einziges Mal ein Gast im Haus gewohnt: ein Studienfreund des jetzt verstorbenen Hausherrn. Er war gekommen, um sich die Leuchtkäfer auf dem Bach anzusehen, der durch das Anwesen fließt.

In Besitz genommen wurde das Gästehaus nach und nach von den Kindern; Zimmer und Garten konnten sie frei benutzen, wie sie wollten. Im Winter wählten sie einen

Blick aus dem Gästehaus

kleinen, leicht zu beheizenden Raum, im Sommer liebten sie das offene, geräumige Zimmer im Oberstock, dort machten sie die Schulaufgaben. Nur eines wurde festgesetzt: Wer krank war, dessen Bett kam stets in den Zwölf-Matten-Raum im Erdgeschoß, dort konnte er leichter vom Arzt und von Familienmitgliedern betreut werden.

Von seiner Liegestatt in diesem Raum konnte der Kranke an dem unablässigen Schattenspiel auf den Shoji-Papierwänden ungefähr die Zeit ablesen und sich vorstellen, was draußen vorging. Im Sommer werden, zur besseren Durchlüftung, die Shoji durch Rollos aus dünnen Bambusstäben ersetzt. Durch diese kann man dann tatsächlich in den Garten hinausblicken; noch besser: Man kann – wie ein empfindsames junges Mädchen der Familie in ihrem Tagebuch notierte – sich in den Roman *Genji Monogatari* hineinversetzen. Die kleine Tagebuchschreiberin, deren größte Freude es war, von ihrem Krankenbett die wechselnden Stimmungen des Gartens zu beobachten, hat nicht lange gelebt: Memento, wie der Garten über die Menschen eines Haushalts wacht und sie um viele Jahre überdauert.

Vom Gästehaus zum Haupthaus kann man zwei Wege nehmen. Der direktere geht über die Steinbrücke am Gästehaus und auf Trittsteinen quer durch das dichte Gartenbaum-Wäldchen, dann über die freie Fläche zum Haupteingang. Der indirektere Weg: an Buschwerk am Bach entlang bis zu einer zweiten Brücke, über diese hinweg zum Osteingang. Die erste Route durchschneidet den baumbestandenen Gartenteil, die zweite umgeht den Garten. Bei Nacht wurde immer der ›längere‹ Weg eingeschlagen.

Auf Trittsteinen zu gehen, ist auch in mondhellen Nächten nicht einfach, aber das war nicht der eigentliche Grund. Eine Papierlaterne oder eine Taschenlampe hätte dieses Problem gelöst. Die Kinder gingen den ersten Weg nicht gern, weil nachts jeder Windhauch die schwarzen Silhouetten des Blätterdachs bedrohlich hin- und herschwanken ließ.

Das Abendessen nahmen die Kinder mit der Familie im Haupthaus ein. Später mußten sie zurück zum Gästehaus. Der Hof war von einem hohen Bretterzaun umgeben, und die Türen hatten Schlösser, aber die Regenläden standen normalerweise offen, und in den für traditionelle japanische Wohnhäuser typischen großen Fensterflächen befanden sich lediglich Shoji-Schiebewände, die man nicht abschließen konnte. Hätte ein Dieb in das Gästehaus einbrechen wollen, er hätte leichtes Spiel gehabt. In Friedenszeiten hat es nie einen Eindringling gegeben. Trotzdem schickte die Mutter immer die Magd mit, wenn die Kinder zur Nacht hinübergingen.

Die Magd bereitete die Betten, legte frische Kleidung heraus, sammelte alte Wäsche ein und verabschiedete sich, meist mit irgendeinem Kommentar, einer Bemerkung. Einmal sagte sie: »Am meisten Angst, durch die Bäume im Garten zu gehen, habe ich in Halbmondnächten.« Ein paar Tage später, abends, als die Familie beim Essen saß, erschütterte ein heftiges Erdbeben das Haus. Aus Furcht vor weiteren Erdstößen befahl der Vater alle hinaus unter die Gartenbäume. Dort hatte er mit Absicht keine Steinlaterne und andere Gegenstände, die umstürzen konnten, aufgestellt, der Baumhain sollte als eine Art Schutzraum dienen. Später, als sich alles beruhigt hatte und als die Magd die Kinder zum Gästehaus zurückbringen wollte, räusperte sie sich und sprach: »Seht ihr, was habe ich euch gesagt! Heute ist Halbmond!«

TEEGARTEN EINES STADTHAUSES

Der Teeraum Shoka-do in Kyoto. Aus einem Reisebuch der Edo-Zeit

Die Stadt, in der dieses Haus steht, lebte bis zur Mitte des 19. Jahrhunderts von ihrem Seehafen. Dann, in der Dampfschiffzeit, erwies sich der Hafen als unzulänglich, er wurde später zugeschüttet. Wo einst Schiffe kamen und gingen, stehen heute öffentliche Anlagen, ein Thermalkraftwerk, Wohnblöcke.

Das Haus, das ich Ihnen vorstellen möchte, kenne ich aus meiner Jugend. In der Segelschiff-Ära hat ein Schiffsmakler darin gewohnt. Es liegt mitten in der Altstadt und hat, von leichten Umbauten abgesehen, im wesentlichen seine Ursprungsgestalt aus dem 18. Jahrhundert bewahrt. Nach dem Zweiten Weltkrieg kamen auf der Nordwestseite ein Eingang und eine Garage hinzu, und Wohnzimmer und Küche wurden umgestaltet. Teeraum und Teegarten dagegen sind praktisch unverändert geblieben, sieht man vom Wandel ab, der durch natürliches Baum- und Pflanzenwachstum entstanden ist.

Wer früher als Gast hierher kam, hatte meist in maritimen Geschäften zu tun. Vor der geschäftlichen Besprechung bewirtete der Hausherr, wie es Sitte war, seine Gäste mit einer Teezeremonie. Waren es wenige Gäste, fand die Zeremonie im kleinen Raum (viereinhalb Matten) statt; waren es mehr, benutzte man das größere Wohnzimmer (zehn Matten). Wenn nötig, ließ sich dieses durch Wegnehmen von Trennwänden noch erweitern.

Der Teegarten hält sich an die klassische Aufteilung: äußere *(soto-roji)* und innere Zone *(uchi-roji)*. Die innere Zone allerdings weicht vom Normalmaß ab, ist schmaler und viel länger, ungefähr dreimal so groß wie die äußere. Vielleicht hat die Lage des Teeraums in der ›hinteren‹ Ecke des Grundstücks diesen Zuschnitt der inneren Zone diktiert; vielleicht wollte man auch aus dem Zehn-Matten-Wohnraum, wenn die Schiebewände an der Südseite offen waren, Aussicht auf den Garten haben. Von hier aus kann man nämlich über Gartenpflanzen und -mauer hinweg auf das Meer blicken. Möglicherweise haben hier früher Männer gesessen und den

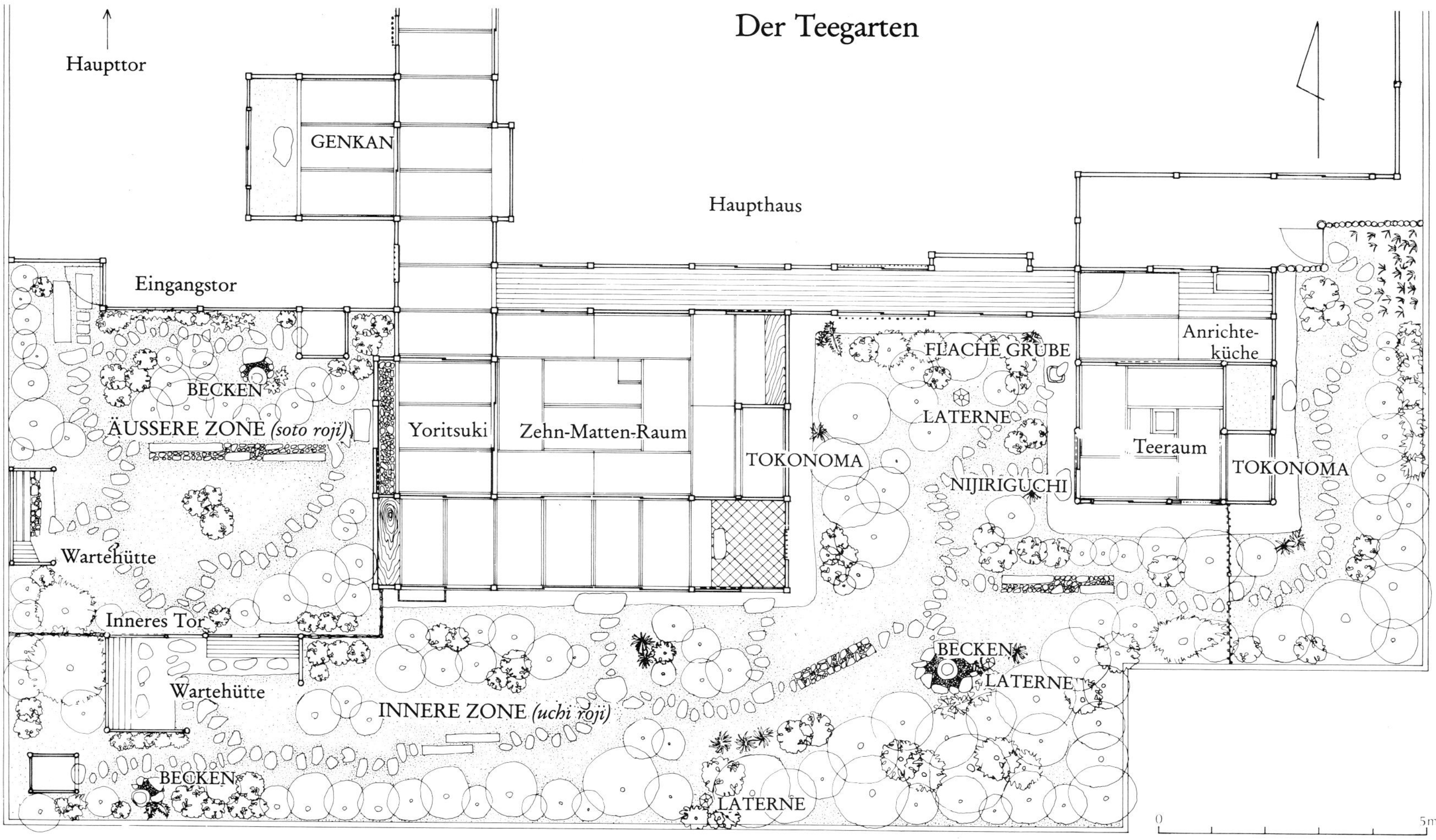

Der Teegarten

Schiffen, um die sich ihre Besprechung drehte, beim Ein- und Auslaufen zugeschaut.

Obschon also wohl auch Schaugarten, ist dieser Garten aber doch in erster Linie als Bühne angelegt, Inszenierungsraum für die ersten Akte des ›Schauspiels Teezeremonie‹. Vom Teepavillon selbst ist er gar nicht sichtbar: dessen Fenster dienen nur der Beleuchtung, nicht dem Ausblick. Zur Kulisse gehören: Bäume, Pflanzen, Trittsteine. Desgleichen Wasserschöpfbecken, Steinlaternen und Wartehütten, die neben der ornamentalen auch praktische Funktion haben.

Wir sollten daran denken, daß zur Teezeremonie als Rahmen ja mehr gehört als nur der Teeraum, und daß sie mehr beinhaltet als nur ritualisiertes Teetrinken. In Sinn und Form war sie im Lauf der Zeiten Veränderungen unterworfen; seit etwa einem Jahrhundert versteht sie sich als Medium zur Veredlung von Etikette und Bildung. In der Momoyama-Zeit (1568–1615) tranken Krieger und Kaufleute grünen Tee aus Schalen, wenn sie zum Beispiel Waffenkäufe besprachen. Noch früher galt das Getränk selbst als heilkräftig; durch Verkosten des Tees die Sorte herauszufinden, war ein Gesellschafts-, auch eine Art Glücksspiel.

Die Art der Teezeremonie, wie heute üblich, variiert je nach Jahres- und Tageszeit. Am beliebtesten ist die Mittagszeit; auch andere Zeiten sind möglich. Die Morgenröte-Zeremonie – meist im Winter abgehalten – beginnt um vier Uhr früh. Im Sommer können Morgenzeremonien auch erst um sechs, sieben Uhr anfangen. Auch nächtliche Teezeremonien gibt es. Bei der *hango* genannten Zeremonie essen die Gäste vorher zu Hause. Spezielle Zeremonien, bei denen die Siegel von Gefäßen mit der neuen Tee-Ernte erbrochen werden, finden vom Dezemberbeginn an statt. Im Winter wird das Teewasser auf einem versenkten Herd *(ro);* im Sommer im Kessel über einem kleinen Holzkohlenfeuer erhitzt *(furo).* Diese Variationen – und die unterschiedlichen Wetterverhältnisse – stellen jeweils etwas andere Anforderungen an den Teegarten.

Unvergeßlich geblieben ist mir eine Teezeremonie in diesem Haus am Hafen, abends am letzten Tag des Jahres 1931, die ich als Kind miterlebte. Nach altem Brauch waren alle Pflanzen und Steine im Garten, vom Eingangstor bis zum Teehaus, mit Wasser besprengt worden. Gestaffelt beiderseits des Gartenweges standen Bodenlaternen mit Kerzen, deren flackernder Widerschein über Blätter und nasse Erde huschte. Für mich eine neue, phantastische Welt – was sich vor meinen Augen ausbreitete, unterschied sich himmelweit vom Garten, wie er bei Tage aussah. Das also ist ein Teegarten, sagte mir mein Kinderverstand; etwas, das du nur nachts zu sehen bekommst, und nur in der Silvesternacht.

Um die Wahrheit zu sagen: Die Teezeremonie, die folgte, war eine hochelegante Angelegenheit, aber ich und meine Begleiterin (die kleine Tochter des Hauses, das wir besuchten) langweilten uns zu Tode bei der Konversation der Erwachsenen. Wir mußten stillsitzen und zuhören. Nach dreieinhalb Stunden war die Zeremonie zu Ende. Wir traten in den Teegarten hinaus. Jetzt fiel weicher Schnee, und eine zarte Pulverdecke hatte sich über Trittsteine, Moos und Baumäste gelegt. Die Bodenlaternen waren ausgegangen, die großen Steinlaternen jedoch mit ihren dicken überdachten Leuchtkammern, und die fern sichtbare Wartehütte, warfen ein schimmerndes Glitzern auf den Schnee, und wieder entfaltete sich eine neue, noch märchenhaftere Welt vor meinen Augen.

Von diesem Haushalt als Modell ausgehend, wollen wir uns eine typische Teezeremonie vor Augen führen, und speziell die mit-tragende Rolle, die der Garten bei ihrer Inszenierung spielt. Zur ›Normal‹-Zeremonie, die gegen Mittag abgehalten wird, lädt der Gastgeber drei, in Ausnahmefällen vier, fünf – allerhöchstens zehn – Gäste. Zunächst serviert er ihnen ein Mahl *(kaiseki),* dann bereitet er zwei Sorten Tee: *koicha,* ein sehr dickes Gebräu aus pulverisierten jungen Spitzen alter Teepflanzen, und *usucha,* ein dünneres Getränk aus normalen pulverisierten Teeblättern. Sämtliche Vorbereitungen – auch

Vorbereitungen zur Teezeremonie. Bild aus der Meiji-Zeit

Nijiriguchi: der niedrige Eingang zum Teeraum

die im Garten – müssen rechtzeitig abgeschlossen sein, ehe die Gäste kommen.

Oberstes Gebot: Reinlichkeit. Der Gastgeber steht früh auf und säubert den Empfangsraum mit seinem Tatami-Mattenboden, den Teeraum, dann den Garten, wobei er am Eingangstor *(roji-guchi)* anfängt. Er reinigt von den Ecken zur Mitte und von oben nach unten, sprich: von den Baumästen über das Gesträuch bis zum Erdboden. Wichtig: Feingefühl und leichte Hand, damit das natürliche Aussehen der Dinge nicht beeinträchtigt wird. Charakteristisch dafür die bereits zitierte Geschichte vom großen Teemeister Sen no Rikyu, der im sauber gekehrten Garten Laub von den Bäumen schüttelte, um der Szene mehr Natürlichkeit zu geben.

Nach der Reinigung werden Bäume und Steine abgespritzt und der ganze Garten mit Wasser benetzt (dreimal zu festgesetzten Zeiten), Schlammreste und Schmutz von den dekorativen Gartensteinen und Steinlaternen entfernt, die Leuchtkammern der Laternen und die Höhlung des rituellen Wasserschöpfbeckens *(tsukubai)* gereinigt, die Trittsteine so gesäubert, daß man (obwohl das niemand tun wird) barfuß darauf gehen kann, ohne sich zu beschmutzen.

Anschließend wischt der Gastgeber inneres Tor und Zäune, ferner die Bänke, Pfosten und Türen der Wartehütten und des Teeraums mit einem feuchten Tuch ab. Natürlich trocknet das Holz wieder ab, aber der Gastgeber richtet es zeitlich so ein, daß noch ein gewisser Hauch Feuchtigkeit da ist, wenn die Gäste kommen, um einen Eindruck von Reinlichkeit und Schönheit zu schaffen.

In der Außenzone, in der Nähe der Wartehütte, und in der Innenzone seitlich vom niedrigen Eingang *(nijiriguchi)* zum Teehaus, liegt jeweils ein *chiriana,* eine flache Abfallgrube, die nasse Blätter und Zweige aufnimmt, Symbol dafür, daß der Garten gereinigt ist. Auch frische grüne Abfallsammelstöcke aus Bambus muß der Gastgeber in diese Gruben legen. Dann muß er an das Becken, wo die Gäste ihre rituelle Hand- und Mundreinigung vornehmen, eine neue Schöpfkelle aus *Cryptomeria*-Holz legen. (Für die Handreinigung nach einem Toilettenbesuch wird eine andere Kelle aus Zypressenholz benutzt.) Seine dritte Aufgabe: Aufstellen der zum Gartenreinigen benutzten Besen an strategischen Stellen – neben dem Teeraumeingang, in der Wartehütte, auch an einem Nagel hängend an der Wand der Sandtoilette. Besen für den äußeren Garten werden aus Palmblättern der Art *Trachycarous excelsa,* für den inneren Garten aus Farnwedeln gemacht. Ausgestellt werden nicht die tatsächlich gebrauchten Besen, sondern andere, gleichartige, die nur gebrauchten Anschein erwecken. Kleine Illusionen dieser Art sind typisch für den Teegarten.

Als nächstes richtet der Gastgeber den Raum *yoritsuki,* welcher etwa der Diele oder dem Foyer eines normalen Hauses entspricht. Hier richten die Gäste ihre Kleidung, ziehen sich, wenn nötig, neue saubere *tabi* an (weiße Socken) und bereiten sich allgemein auf die Zeremonie vor. Flache tablettähnliche Boxen nehmen Überkleidung, Accessoires usw. auf.

Ehe sie zum Teeraum gerufen werden, sammeln sich alle Gäste in der äußeren Wartehütte *(machiai).* Hier muß der Gastgeber eine Reihe von Dingen für sie bereitliegen haben: eine Schachtel mit Tuschstein, Tuschstück und Pinseln; Schreibpapier; Pulver zur Zubereitung von aromatischem heißem Tee, den die Gäste trinken können, während sie warten, daß der Gastgeber sie ruft. In die Ecke, die am weitesten von dem Platz entfernt ist, wo der Hauptgast sitzen wird, legt er einen Stapel kleine quadratische Kissen, darauf ein Tablett mit Rauchutensilien.

Streng genommen müssen *yoritsuki* und Wartehütte zwei getrennte Einheiten sein, in der Praxis sind sie aber oft kombiniert. Weist einer dieser Räume eine *tokonoma* (Ziernische, Alkoven) auf, wird auch ein Rollbild aufgehängt, das die Gäste anschauen können. Ein mit großem Bedacht ausgesuchtes Rollbild. Es soll nicht das Motiv des Rollbildes, das im Teeraum selbst hängt, duplizieren, sondern etwas von

Chiriana: die flache Grube für Gartenabfälle

Machiai: die Wartehütte

Stil und Stimmung speziell der gerade anstehenden Teezeremonie widerspiegeln; es kann sich um Malerei oder um eine Kalligraphie handeln.

Auf den Trittsteinen vor der Wartehütte stehen Sandalen zum Durchschreiten des Gartens. Früher nahm man dazu hölzerne Clogs *(geta)*, von denen man aber abgekommen ist, weil *geta* schwieriger zu tragen sind. An Regen- und Schneetagen liegen auch große geflochtene Strohhüte in der Hütte auf den Sitzen bereit oder hängen an Haken an der Wand. Bei kaltem Wetter brennt in der Hütte ein Kohlenfeuer, und neben dem Schöpfbecken steht ein Heißwassereimer, damit das Wasser für die rituelle Reinigung etwas angewärmt werden kann.

Der Weg aus Trittsteinen im Garten kann sich rechts und links verzweigen, so daß der uneingeweihte Gast eventuell nicht weiß, wohin er sich wenden soll. Den rechten Weg zeigt ihm der Gastgeber dadurch, daß er den ersten Trittstein aller ›falschen‹ Wege mit einem faustgroßen, mit schwarzem Hanfseil umwickelten Stein *(sekimori-ishi)* besetzt. Auch ein Gestell aus Bambusstöckchen, oben mit schwarzem Hanfseil zusammengebunden *(sekimori-dake)*, kann dafür verwendet werden.

Die drei oben zitierten Benetzungen des Gartens mit Wasser tragen wieder bestimmte Bedeutungen. Ist zum Beispiel die Fläche vor dem Gartentor benetzt, wissen die Gäste, daß der Gastgeber mit seinen Vorbereitungen fertig ist und sie eintreten dürfen; ist sie trocken, heißt das, daß sie warten sollen. Natürlich ist es unhöflich, zu einer Teeversammlung zu spät zu kommen, und unangenehm für den Gastgeber, wenn man zu früh kommt; die allgemeine Konvention heißt: 15 Minuten vor der verabredeten Zeit da sein.

Nicht nur der Boden vor dem Tor, sondern der gesamte Garten soll besprengt sein, damit eine Atmosphäre betonter Frische entsteht, verstärkt durch Sonnenschein oder flackernde Laternen-Illumination. Wie die *sanro* (»dreimaliger Tau«) ausgeführt werden, hängt ab von der Jahreszeit, vom Wetter und von der Tageszeit.

An sonnigen Stellen wird reichlich gesprengt, noch mehr aber im Schatten, damit den Gästen der erfrischende Anblick wasserdurchtropften Laubes geboten wird. Auch der leichte aufsteigende Dampf in der Sonne verdunstenden Wassers gilt als reizvoll. Im Sommer und an sonnigen Tagen wird mehr gesprengt als im Winter und an wolkigen Tagen. Die stärkste ›Dusche‹ erhält der Garten vor nächtlichen Teezeremonien: damit sich der Kerzenschein glitzernd widerspiegelt.

Der sogenannte ›erste Tau‹ oder das ›Begrüßungswasser‹, sprich: die erste der drei Benetzungen, kommt nach dem Reinigen des Gartens, und zwar zeitlich so, daß die Nässe zu einem Drittel wieder abgetrocknet ist, wenn die Gäste erscheinen. Sind sie eingetreten und zur Wartehütte gegangen, hat der Gastgeber noch weitere Aufgaben zu erledigen. Noch einmal kehrt er den Teeraum, prüft und richtet das Feuer, das Teegerät, das Rollbild in der Nische. Im Holzkohlenfeuer, auf dem das Teewasser erhitzt wird, verbrennt er Räucherwerk. Dann geht er in den Garten und besprengt mit einer Schöpfkelle die Umgebung des Steinbeckens mit Wasser. Er spült sich den Mund, gießt aus bereitstehendem Eimer Wasser in das Becken, legt die Kelle in die richtige Position auf das Becken und stellt den Eimer zurück in den Eingang der Anrichteküche *(mizuya)*.

Dann, endlich, öffnet er das innere Tor, um zum erstenmal die Gäste zu begrüßen. Alle verbeugen sich schweigend vor ihm. Er erwidert die Verbeugung, ebenfalls schweigend, geht zur Küche, schließt die Tür und wartet, bis die Gäste den angrenzenden Teeraum betreten haben.

Sobald er außer Sicht ist, kehren alle – außer dem Hauptgast – in die Wartehütte zurück. Der Hauptgast geht nun durch das innere Tor, spült sich Hände und Mund am Ritualbecken und begibt sich weiter zum Teeraum. Der zweite Gast folgt, dann alle anderen. Der letzte Gast legt in der Wartehütte die Kissen säuberlich auf der Bank in einer Ecke zusammen und schließt beim Durchgehen das innere Tor. Im Teeraum bewundern die Gäste zunächst die Teegerätschaften,

Tsukubai: Steinbecken zur Waschung vor der Teezeremonie

Sekimori-ishi: der Stein, der den Weg versperrt

das Rollbild und die anderen ›Accessoires‹ der nun folgenden Zeremonie.

Der Gastgeber serviert jetzt den Gästen das *kaiseki* genannte Mahl, meist Suppe, Fisch, Gemüse und Sake, zum Schluß heißes Wasser in einer Kanne mit Gießtülle und Deckel. Wenn dies hereingebracht ist, kehrt der Gastgeber in den Garten zurück und besprengt diesen das zweite Mal. Dabei füllt er auch das Wasserschöpfbecken nach. (Bei Regen entfällt die Besprengung natürlich, auch bei Schnee, dessen Schönheit der des wassernassen Gartens gleichgeachtet wird.) Wenn die Gäste mit dem Essen fertig sind, kehrt er in den Teeraum zurück.

Darauf ziehen sich die Gäste zu kurzer Rast in die Wartehütte im inneren Garten zurück. Der Gastgeber nimmt indes das Rollbild aus der Nische, setzt Blumen hinein und trifft Vorbereitungen für das tatsächliche Servieren und Trinken von Tee. Ist alles fertig, ruft er die Gäste durch einen Gongschlag. Ehe diese den Teeraum wieder betreten, spülen sie sich am Becken noch einmal Hände und Mund. Drinnen nehmen sie wieder die bereitstehenden Utensilien in Augenschein. Die beiden Teearten werden nun bereitet und getrunken.

Nach dem Teetrinken nimmt der Gastgeber die dritte Besprengung vor, diesmal im inneren und äußeren Garten sowie vor dem Tor, um alles frisch zu machen für die Verabschiedung der Gäste. Alles in allem dauert die ganze Prozedur rund viereinhalb Stunden.

Man sieht: Der Teegarten ist weniger Kontemplations- und Schauobjekt als vielmehr integraler Bestandteil der Zeremonie selber. Seine Bauart, ja selbst die Art seiner Reinigung und Bewässerung richten sich ganz nach den speziellen ästhetischen Anforderungen dieser Zeremonie; höchste Bedeutung hat das Können, mit dem der Besitzer ihn plant und als Environment für seine Gäste einsetzt. Und weiter sieht man: Eine Teezeremonie ist ein kunstvoll-kompliziertes Unterfangen, das nicht leichtfertig angegangen werden darf.

Der Teegarten, den ich hier modellhaft beschrieben habe, hat sich nahezu unverändert in seiner Originalgestalt bis heute erhalten. Nach jener Schneenacht am Jahresende 1931 bin ich nicht wieder zu einer Teezeremonie dorthin eingeladen worden. Ein Jahr darauf erkrankte mein Vater und starb, und ich kam von zu Hause fort, auf eine Schule. An einem Frühwintertag 1963 jedoch, 32 Jahre danach, wurde mir eine einzelne Schwertlilie zugesandt, elegant in weißes Papier gefaltet. In Japan ist es Sitte, nicht einen ganzen Strauß, sondern eine einzelne Blume zu schicken, Symbol für alle Blumen der Welt. Geschickt hatte sie mir die Tochter des Teegartenbesitzers, meine kleine Gefährtin, die, drei Jahre älter als ich, damals mit mir stumm das langweilige Gespräch der Erwachsenen erduldet und mit mir zusammen das märchenhafte Bild des Teegartens bewundert hatte. An der Blume hing eine Einladungskarte zu einer Teezeremonie am kommenden Silvesterabend. In kleiner Handschrift stand dabei: »Die Zweige der Nandine am Garteneingang sind dieses Jahr voll kleiner Beeren, rot und reif, wie vor langer Zeit.«

Da fiel es mir wieder ein. Als wir nach der Zeremonie, im lautlos fallenden Schnee, im Garten Abschied nahmen, bemerkten wir am Tor Zweige mit roten Beeren, weißbestäubt mit zarten Schneeflocken.

Bei den meisten Teezeremonien drückt sich die allgemeine Haltung des Tee-Kenners in dem Wort aus, das man oft hört: *Ichigo ichie* – vollziehe jede Handlung mit Ernst, als ob es deine letzte wäre. Eine Denkweise, die ihre Meriten hat. Aber es gibt auch Fälle, wo sich der ganze Geist des *Ichigo ichie* schlaglichtartig in einem einzigen Erlebnis verkörpern kann. Hier – für mich – waren es die verschneiten roten Nandinenbeeren am Tor des Teegartens.

Nach wie vor werden in Japan Gärten im traditionellen Stil gebaut: speziell kleinere Anlagen, Privathaus-, Restaurantgärten usw. Öffentliche Anlagen und moderne Architektur verlangen jedoch andere gestalterische Ansätze, und der Geschmack ist heute sowohl eklektizistisch als auch betont avantgardistisch. Wovon wird sich die neue Designer-Generation inspirieren lassen, und wie werden ihre Gärten aussehen?

DER MODERNE JAPANISCHE GARTEN

Residenz Nakamura. Architekt Saito Yutakas Entwurf für das Haus des Töpfers Nakamura Kinpei (1979) zentriert den klotzartigen Betonbau um einen offenen Binnengarten herum: ein traditioneller japanischer Raum schafft Eleganz in großstädtischer Enge. Besonders harmonisch: die farbliche Abtönung der Innen- und Außenwände. (Tokyo)

Residenz Ichitani. Entwurf Kubo Tokuzo (1979). Große Felsblöcke als eine Art Gegengewicht zu einem Hügel direkt dahinter, der den Garten nicht erdrücken soll. Der Effekt der schweren Blöcke ist gleichwohl seltsam spielerisch: Sind es Nilpferde, die sich im Wasser tummeln? Der Zaun gehört zur Komposition, er markiert nicht die Gartengrenze. Das Buschwerk daneben ist gestutzt, um den Stein am Waldrand – ebenfalls Teil der Komposition – erkennen zu lassen. (Tottori)

Residenz Kasai. Kubo Tokuzo benutzt gern lange sechseckige prismenförmige Steine, ganz abweichend von traditionellen Steinformen. Andererseits: Zeichnet man die Umrisse der größeren Steingruppen in diesem Garten (1981) nach, so entsteht doch wieder die alte klassische Dreier-Figuration aus einem ›stehenden‹ und zwei kompensierenden ›liegenden‹ Steinen. (Kyoto)

Residenz Inoue. Minimalistischer Binnengarten, Entwurf Fukaya Koki (1972). Behauene Steine, Wasser und spärliche Bepflanzung in einem Raum, der sonst ungenutzt wäre. Der wohl interessanteste Aspekt dieses Gartens: Das Wasser folgt keinem bestimmten Lauf, sondern sickert einfach über die Steine. Diesem Garten eigen ist das Element des Beliebigen, Zufälligen. Traditionelle japanische Gärten hingegen zelebrieren organische Prozesse, indem sie sie organisieren. (Tokyo)

Residenz Fukui. Dieser Garten wurde bereits auf Seite 112 vorgestellt. Der abknickende Weg zum Haupteingang erlaubt es dem Gärtner, die Sicht des Besuchers zu beeinflussen und den Blick auf eine ferne Szene erst genau im richtigen Augenblick freizugeben. Außerdem wirkt der kleine Raum dadurch größer. Wasserschöpfbecken und Steinlaterne haben hier mehr Zier- als Zweckfunktion. (Präfektur Shiga)

Residenz Sono. Die Gärten der Residenz der Familie Sono entstanden 1921 unter Leitung von Seisai, Haupt der Teeschule Urasenke in der 12. Generation. Hier im Binnengarten schaffen die zarten Stengel und Fächerblätter des Bambus einen Ausgleich zur Schwere der Steine und des Beckens. (Präfektur Ishakawa)

Konnichi-an. Iwaki Sentaro wurde 1899 geboren und studierte unter Ogawa Jihei. Als Tee-Ästhet hat er viele Teegärten gestaltet; der hier gezeigte gehört zu einem 1957 für die Tokyoter Niederlassung der Teeschule Urasenke im traditionellen Roji-Stil gebauten Garten. Im Sommer verwendet man in Japan halbdurchsichtige Bambus-Fensterabdeckungen, die Luft hereinlassen, aber die Privatsphäre des Hauses schützen. (Tokyo)

Teehaus Chosho-an, Hotel Okura. Gestaltung: Iwaki Sentaro (1955). Evokation klassischer Teegarten-Elemente – Steinlaterne, Wasserschöpfbecken – im siebenten Stock eines Luxushotels. Das Problem der Pflanzenhaltung und -pflege in Binnenräumen hat hier eine Radikallösung erfahren: Sie sind ganz weggelassen. (Tokyo)

Restaurant Kocho. Man sieht es ihm nicht an: Dieser Restaurantkomplex – 150 Quadratmeter Bäume, Binnengärten, Gehwege, vier separate Pavillons – liegt dicht an der belebten Ginza. Seine Stimmung: ewiges Zwielicht. Im jahreszeitlichen Wechsel werden Kirsch-, Dattelpflaumen-, Zitronen- und andere Bäume aufgestellt. 1969 waren die Arbeiten an diesem Komplex abgeschlossen. Gestaltung: Iwaki Sentaro. (Tokyo)

Ken Domon Museum der Fotografie. An diesem 1983 vollendeten Museum, das Werke eines großen japanischen Fotografen beherbergt, haben mehrere führende Gestalter mitgearbeitet, darunter der Bildhauer Noguchi Isamu. Sein Garten zeigt ein aufsteigend-absteigendes Motiv aus Beton, Steinstufen und Wasser, akzentuiert durch Bambus und einen aufrechtstehenden Stein. (Präfektur Yamagata)

Universitätskrankenhaus Dokkyo. 1976 entwarf Iwaki Sentaro diesen Binnengarten mit Buchsbaumhecken für einen offenen Lichthof im achten Stock des Krankenhauses. Das Schachbrettmuster ist ein Standardmotiv. Interessant hier, wie Iwaki es abgewandelt hat: unregelmäßige Anordnung, tiefe Rinnen zwischen den Steinen, Heckenblöcke unterschiedlicher Größe. Der Raum bekommt dadurch Fülle und Struktur. (Präfektur Tochigi)

Brauerei Konishi Shuzo. Ein hochinteressanter Garten von Fukaya Koki (1974). Rauhe Wasser- und Steinflächen, ›herumliegende‹ Steinsetzungen und Moose schaffen eine urtümliche Zone. Darüber erhebt sich – rohbehauen und von primitiver Feierlichkeit – das Brunnenbecken. Man kann in diesen Garten einen Schöpfungsmythos hineinlesen; wahrscheinlich hat seine Symbolik aber eher mit dem hervorragenden Sake zu tun, den Konishi, sein Besitzer, herstellt. (Tokyo)

Baufirma Kashima, Akasake-Anbau. Im Tiefgeschoß ein Garten im Dachgarten-Stil (Iwaki Sentaro, 1964). Wegen der Lage konnte Iwaki hier nur relativ kleine Bepflanzung einsetzen, hat sie aber auf teils künstlich hügeligem Grund so arrangiert, daß sie aus jedem Blickwinkel neue Perspektiven bildet (hier: Blick aus der Lobby im Erdgeschoß). Neue Räume, Perspektiven, Stimmungen, Zweckbestimmungen: das sind heute einige der Aufgaben, die sich den japanischen Gartengestaltern stellen. (Tokyo)

NEUE EINFLÜSSE UND WEITERENTWICKLUNG

Die als öffentlicher Park konzipierte Gartenanlage fand in Japan erst in der zweiten Hälfte des 19. Jahrhunderts Eingang. Als eine Gruppe Isolationisten die britische Gesandtschaft in Gotenyama in Brand steckte – ein ehemaliger Herrensitz der Shogune, später ein beliebter Freizeit-Treff, den man aufsuchte, um die Kirschblüte, die Tokaido-Straße und die ferne Bucht von Edo (Tokyo) zu betrachten –, deutete man diese Brandstiftung als zornige Reaktion auf die Errichtung eines fremden Bauwerks an einem Ort, den ein Autor mit Londons Hyde Park verglich.

Natürlich hat es auch vor Gotenyama schon parkähnliche Anlagen gegeben, wo man spazierengehen und die Landschaft genießen konnte, nur handelte es sich dabei durchweg um die Gärten großer buddhistischer Tempel und Shinto-Heiligtümer. 1868 der Wandel: Nach der Meiji-Restauration verfügte die neue Regierung – entschlossen, die westlichen Staaten einzuholen – per Edikt die Stiftung von Parks. Dabei wurden zunächst keine neuen Anlagen geschaffen, sondern nur Tempel- und Schreingärten, die auch schon unter dem Shogunat als öffentliche Erholungsstätten gedient hatten, zu Parks erklärt. Dahinter standen nicht unbedingt ›Volkspark‹-Gedanken oder Großstadt-Begrünungsmotive; der Erlaß bildete lediglich, gewissermaßen nebenher, einen Teilaspekt des Modernisierungs- und Verwestlichungsprogramms der Regierung und wurde dann auch auch von der Öffentlichkeit zunächst als neumodisch-befremdlich empfunden.

Der erste japanische Park nach westlichem Muster, der Hibiya-Park, stammt von Honda Seiroku (1866–1952), Professor am Landwirtschaftlichen Seminar der damaligen Kaiserlichen Universität Tokyo. Stilistisch war der Park nicht rein westlich, sondern zu etwa 70 Prozent europäisch, zu 30 Prozent japanisch. Dabei handelte es sich nicht um eklektische Verschmelzung: Beide Teile existierten gewissermaßen unabhängig Seite an Seite. Auch in Privatgärten gibt es dafür Beispiele, etwa die Residenz Seibikan (Präfektur Aomori, 1909) und die Residenz Furukawa (Tokyo, 1917). Josia

Gartenresidenz Furukawa, Tokyo. Meiji-Zeit

Yamato Bunka Museum, Nara. Garten von Yoshida Isoya, 1960

Fernmeldeamt Hiroshima. Garten von Fukaya Koki, 1980

Conder (1852–1920), ein englischer Architektur-Lehrbeauftragter an der Kaiserlichen Universität Tokyo, hat 1913, als er den Garten des Mitsui-Clubs entwarf, japanische Elemente einfließen lassen, zweifellos auf Wunsch des Auftraggebers.

Mit anderen Worten: Japan importierte zwar westliche Gartenstile, gab deshalb aber die eigene Tradition nicht preis und spürte kein Bedürfnis nach einer eklektizistischen Synthese der beiden. Als etwa der Konfuzianer Maebe Juko (1828–1908) 1894 den Nara-Park gestaltete, war es ein rein japanischer Garten ohne alle westlichen Stilelemente.

Mit den akademischen Disziplinen ›Forstwirtschaft‹ und ›Gartenbau‹ kamen westlich-wissenschaftliche Gartenmethoden nach Japan. Es entstanden dort zunächst zwei rivalisierende Organisationen: der Japanische Gartenbund (*Nihon Tei'en Kyokai,* forstwirtschaftlich) und die Japanische Gesellschaft für Landschaftsbau (*Nihon Zoen Gakkai,* gartenbaulich). Bei der Gestaltung der Gärten des Meiji-Schreins in Tokyo arbeiteten dann Vertreter beider Schulen zusammen: der Innere Park wurde 1921, der Äußere 1926 fertiggestellt. Der Garten zeigt Einflüsse westlicher Landschaftsarchitektur, bleibt aber im stilistischen Grundzug betont traditionell-japanisch. Hauptmotiv des Inneren Parks: ein Teich mit Schwertlilien.

Von der Mitte des 19. Jahrhunderts an – also gleichlaufend mit Japans Modernisierung – hat die Zahl der im traditionellen Stil neuangelegten Gärten sogar noch zugenommen. Auftraggeber waren nun freilich nicht mehr Shogun, Feudalherren und Hofadel, sondern Regierungsbeamte, Geschäftsleute, reiche Grundbesitzer. Typisch dafür: die Villengärten, die in den Vorbergen von Higashiyama (Kyoto) Ende des 19., Anfang des 20. Jahrhunderts entstanden. Zuleitungen vom Biwa-See östlich von Higashiyama, hauptsächlich für Kraftwerke angelegt, versorgten sie mit Wasser. Der älteste dieser Gärten: der heute noch erhaltene Murin-an, entstanden 1896 für den Militär und Staatsmann Yamagata Arimoto (1838–1922). Yamagatas Auffassung vom Garten – Idealisierung der Natur durch ›verbessernde Eingriffe‹ – entsprach in etwa dem altjapanischen Gartenverständnis, sprengte aber andererseits Kyotoer Konventionen und Traditionen. So scheute er zum Beispiel nicht vor der Verwendung der früher als ungeeignet geltenden Fichten zurück, wegen der Größe, die sie einem Garten geben können, und ihres leicht zu erreichenden Höhenwachstums. Ihm zur Seite stand der Gärtner Ogawa Jihei (1860–1933), der in praktisch allen bedeutenden Kyotoer Gärten als Restaurator gearbeitet hat.

Die Mischung Alt/Neu, Ost/West in den Gärten dieser Zeit läßt sich auf zweierlei Weise werten: positiv als Bereicherung, Diversifikation; negativ als Wirrnis, als Stil-Brei in der japanischen Stadtlandschaft.

Die Gärten der Vergangenheit hatten sich auf Schrein- bzw. Tempelgärten und Privatgärten beschränkt, die Architektur selbst – von Burgen abgesehen – auf religiöse Bauten und Wohnbauten. Tokugawa-Regierungsstellen befanden sich in Tokugawa-Herrenhäusern; Schulen in Buddha-Hallen oder Wohngebäuden. Im Zuge der Modernisierung brauchte Japan nun plötzlich viele neuartige Zweckbauten: Regierungsgebäude, Schulen, Museen, Hotels, Bahnhöfe, Bürohäuser, Fabriken, Ladengeschäfte und so weiter. All diese verschiedenartigen Bauten erhielten Gartenräume, aber eine Zeitlang wurde nicht versucht, die Gärten speziell auf den Zweck des Gebäudes abzustimmen oder neue, originäre Gartenstile zu entwickeln. Die Gärten des Akasaka-Palastes zum Beispiel – er ist französischen Vorbildern nachgestaltet und dient heute zur Unterbringung von Staatsgästen – tragen rein westlichen Charakter.

Eigenständige neue Gartenschöpfer gab es zunächst wenige, aber Verantwortliche aus Kultur und Politik, die Grundkenntnisse in moderner Landschaftsarchitektur besaßen, konnten zur Gartengestaltung auf Fachleute anderer Sparten zurückgreifen. Die Gärtner selbst, eher Gartentechniker, mit landwirtschaftlicher Fachschulbildung, waren auf der künstlerischen Seite verständlicherweise schwach. Außerdem

Sakusetsu-ken, Akita. Garten von Iwaki Sentaro und Shirai Seiichi, 1970

hatten sie nur wenig Übung im Enwurf von Gärten westlichen Stils. Diese Mängel wurden durch frische Ideen, die aus fachfremden Bereichen hereinflossen, zum Teil ausgeglichen.

Daß sich ›Außenseiter‹ in der Gartenkunst engagierten, hatte schon im späten 19. Jahrhundert angefangen. Die oben erwähnten Gärten des Akasaka-Palastes im französischen Stil stammen von Katayama Otokuma, einem Architekten (1853–1917). Noch viele weitere Architekten und Künstler versuchten sich in der Folgezeit als Gartenschöpfer: Murano Togo gestaltete die Gärten für den Kasuien-Anbau des Kyoto Miyako Hotels (1960) und den Shigetsutei (1959); Yoshida Isoya den Garten des Yamato Bunka Museums (1960); Tange Kenzo den Garten für die Präfekturhalle Kagawa (1958); Horiguchi Sutemi den Uraku-Garten (1972). Nagare Masayuki und Seiji Shimizu sind Bildhauer und haben ebenfalls Gärten gestaltet. Desgleichen Shigemori Mirei und sein Sohn Kanto, die Gartenhistoriker sind. Iwaki Sentaro war Gärtner. Fukaya Koki, Schöpfer einer Reihe von Gärten im modernen Stil, hat nie eine formelle Ausbildung genossen. Die Gartenschöpfer Mori Osamu, Nakane Kinsaku und Nakashima Takeshi stammen aus dem Landschaftsbau.

Keiner von ihnen hätte ohne die Hilfe des altmodischen Gärtners auskommen können, des Mannes, der die eigentliche Arbeit macht, der weiß, was möglich und was nicht möglich ist bei der Bepflanzung, bei Steinsetzung, Teichplanung und allen anderen Aspekten der Gartenschöpfung. Seit Jahrhunderten ist der Gärtner eine wichtige, wenn auch oft anonyme Gestalt; Architekten, Bildhauer und Landschaftsgestalter brauchen ihn heute mehr denn je.

Leute aus anderen Sparten pflegen Garten-Arbeit überwiegend als künstlerisches Entfaltungsfeld zu sehen. Der traditionelle Garten – sofern als Mikrokosmos und Landschaftsabbreviatur gedacht – konnte leicht zu Formelhaftigkeit erstarren und der Kreativität keinen Raum mehr lassen. Sein Symbolgehalt setzte seiner Abstrahierbarkeit Grenzen. Der moderne Gartengestalter – besonders wenn er ›fachfremd‹ ist – will dagegen mehr Freiheit und liebt das Abstrakte. Und hier greift er mit Vorliebe auf einen Archetypus zurück: Karesansui, den Trockenlandschaftsgarten aus Steinen und Kies. Avantgarde-Designer verwenden gespaltene, zerkleinerte, behauene Steine von einer Art, wie sie in traditionellen Gärten nie vorkommen; gute Beispiele: der Garten des Außenamtes der öffentlichen Fernmeldegesellschaft von Hiroshima (1980) von Fukaya Koki und der Dachgarten des Tenrikyo Building in Tokyo (1962) von Nagare Masayuki.

Neben Abstraktion und Einsatz neuer Materialien kennzeichnen großräumige Dimensionen den heutigen japanischen Garten. Diese Entwicklung hat in den sechziger Jahren eingesetzt, treibende Kraft war zum Teil das rasante japanische Wirtschaftswachstum. Großparks und Freilichtmuseen bilden Beispiele: das japanische Dorfhausmuseum in Osaka (1960), das Meiji-Dorfmuseum Aichi (1965), der Napporo-Waldpark auf Hokkaido (1968), der Nationale Kyuryo Sylvan Park, Saitama (1974) und der Nationale Showa-Gedenkpark (derzeit im Westen Tokyos im Bau). Diese großdimensionierten Projekte haben mit dem traditionellen japanischen Garten der Vormoderne kaum noch etwas gemein.

Was wiederum nicht heißt, daß der Garten alten Stils aus der Mode gekommen sei. Ganz im Gegenteil: Die alten Wandelgärten, Teich- und Trockenlandschaftsgärten werden nach wie vor gebaut. Und nicht selten sieht man Gartenschöpfer, die sonst avantgardistisch tätig sind, nebenher auch traditionelle und konventionelle Gärten gestalten, wohl wiederum meist auf Wunsch des Auftraggebers.

So hat sich die eigentümliche Mentalität bis heute gehalten, die es den Japanern schon seit dem 13. Jahrhundert, oder noch länger, gestattet, Neues zu übernehmen und zu adaptieren, ohne Altes preiszugeben. Noch immer werden Gärten geschaffen, die vor 400 Jahren einmal dem Zeitgeist entsprachen, alte Gärten werden ständig umgebaut, und die Popularisierung der Teezeremonie hat dazu geführt, daß

Sumiyoshi-Schrein, Hyogo. Garten von Shigemori Mirei. 1966

heute mehr Teegärten entstehen denn je zuvor. Gleichzeitig findet eine stete Assimilation von Formen und Materialien aus dem Westen statt. Zwar hat der japanische Garten immer noch sein eigenes, unverkennbares Gepräge, aber es ist heute eine Zeit tastenden Suchens, wiederholter Anläufe, die Formen der Zukunft zu entdecken. Was dabei herauskommt, ist noch ungewiß; anhand bisheriger Erfahrung kann man aber die Voraussage wagen: Solange es den fleißigen, kenntnisreichen, praxiserfahrenen japanischen Gärtner gibt, wird er, Hand in Hand mit Architekten, Bildhauern, Malern, Ikebana-Lehrern, Teemeistern und Amateur-Auftraggebern, immer wieder neue Verknüpfungen aus vielen Elementen entwickeln – ein schöpferischer Prozeß, der alles einbezieht und nichts verwischt und vernichtet.

Im Lauf der Zeit haben sich im japanischen Garten auf der Stil- und Materialebene bestimmte Konventionen herausgebildet: Bäche sind seicht und geschlängelt, Steine bilden ungeradzahlige Gruppen, Laternen stehen hinter Wasserschöpfbecken oder an Weggabelungen. Meist waren ursprünglich praktische Gründe dafür maßgebend; manchmal geht es aber auch auf historische Präzedenzfälle zurück oder auf einen allgemeinen Konsens, daß dieser Stil besser gefällt als jener. Solche Konventionen – solche gemeinsamen Nenner im Ästhetischen – bilden eine wichtige Gestaltungsbasis, sind Grundlage jedes Gesprächs zwischen dem Besitzer des Geländes und demjenigen, der es in einen Garten verwandeln soll.

DIE GESTALTUNG DES GARTENS

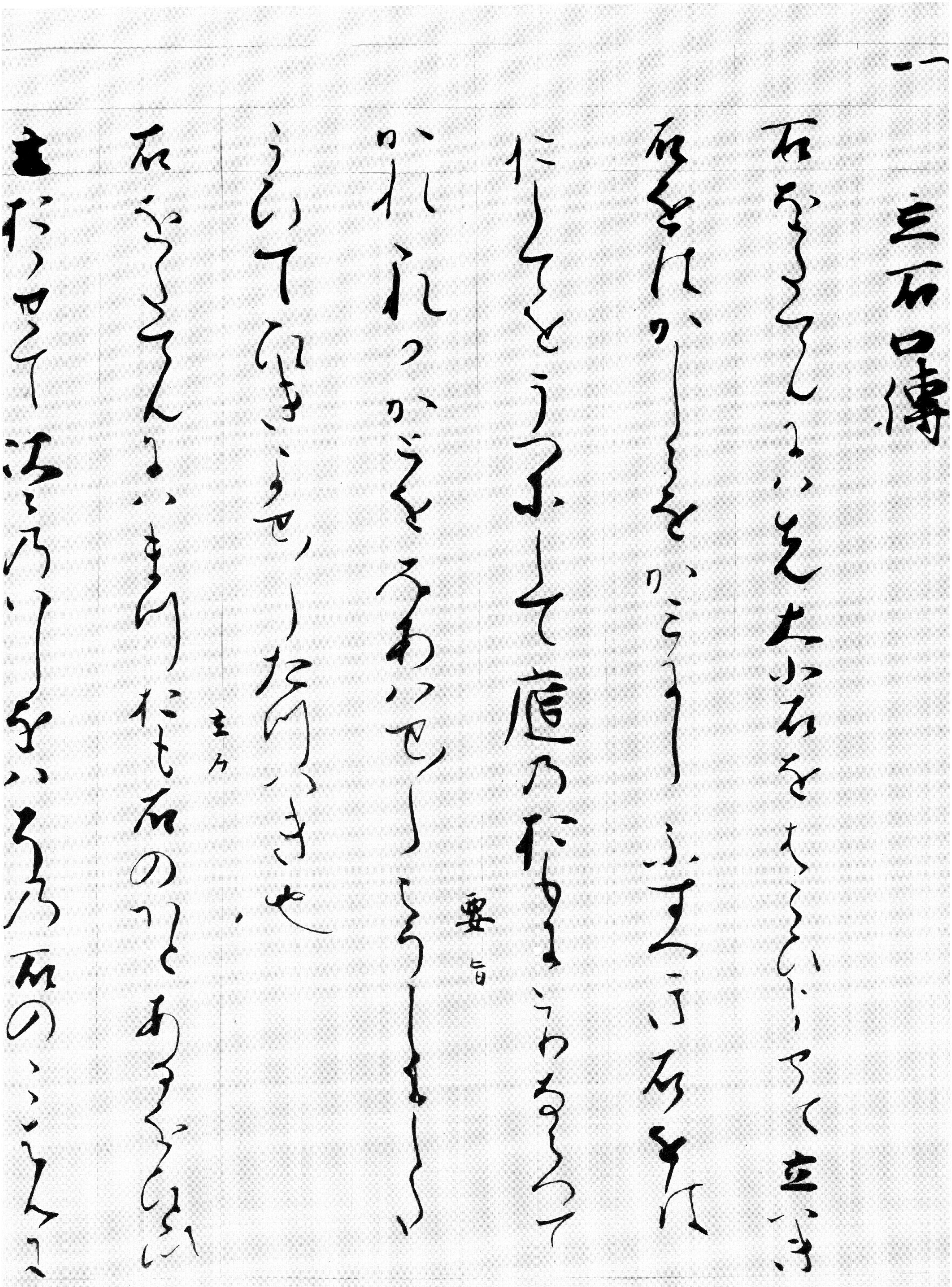

Ausschnitt aus dem »Sakutei-ki« über Steinsetzungen und Pflanzungen

STILELEMENTE UND MATERIALIEN

Schon in der Heian-Zeit (794–1181), oder noch früher, gab es in Japan Maler *(niwa-eshi)*, die sich auf Gartenentwürfe spezialisierten. Manchmal handelte es sich um die Gartenschöpfer und -gestalter selbst, die nur ›nebenher‹ zeichneten; manchmal um eigenständige Künstler. Das älteste Gartenbild dieser Art ist im Zusammenhang mit der Reparatur des riesigen Toba-Palastes in Süd-Kyoto nachgewiesen, die der Exkaiser Toba (1103–1156) im Jahre 1135 unternahm. Ein gewisser Hogan Seii aus der Tokudaiji-Familie überreichte Toba damals eine Projektzeichnung des Gartenteichs im fertigen Zustand. Derselbe Hogan Seii hat, wie man weiß, Reparaturarbeiten am Wasserfall des Tempelgartens Hokongo-in geleistet, der 1133 vom steinsetzenden Priester Rinken gebaut worden ist. Kein Zweifel: Die Gärtner der Zeit mußten auch gut mit Stift und Pinsel umgehen können.

Um wirklich präzise Pläne im heutigen Sinn kann es sich dabei aber nicht gehandelt haben. Zwar war es immer möglich, einen fertigen Garten zu zeichnen; exakt kann man aber das Erscheinungsbild des Gartens im vollendeten Zustand in Japan nicht voraussagen, weil der Gestalter nie genau weiß, welche Form die Natursteine und Pflanzen, die er einsetzt, haben werden. Visualisieren kann man die geplante Form eines Teiches an dieser oder jener Stelle; einen Wasserfall an einem bestimmten Berghang; einen in eine bestimmte Richtung fließenden Bach; Laubbäume hier, Nadelbäume dort; Schwertlilien- und Steinarrangements im

Ginkaku-ji, Kyoto. Darstellung aus einem Reisebuch der Edo-Zeit

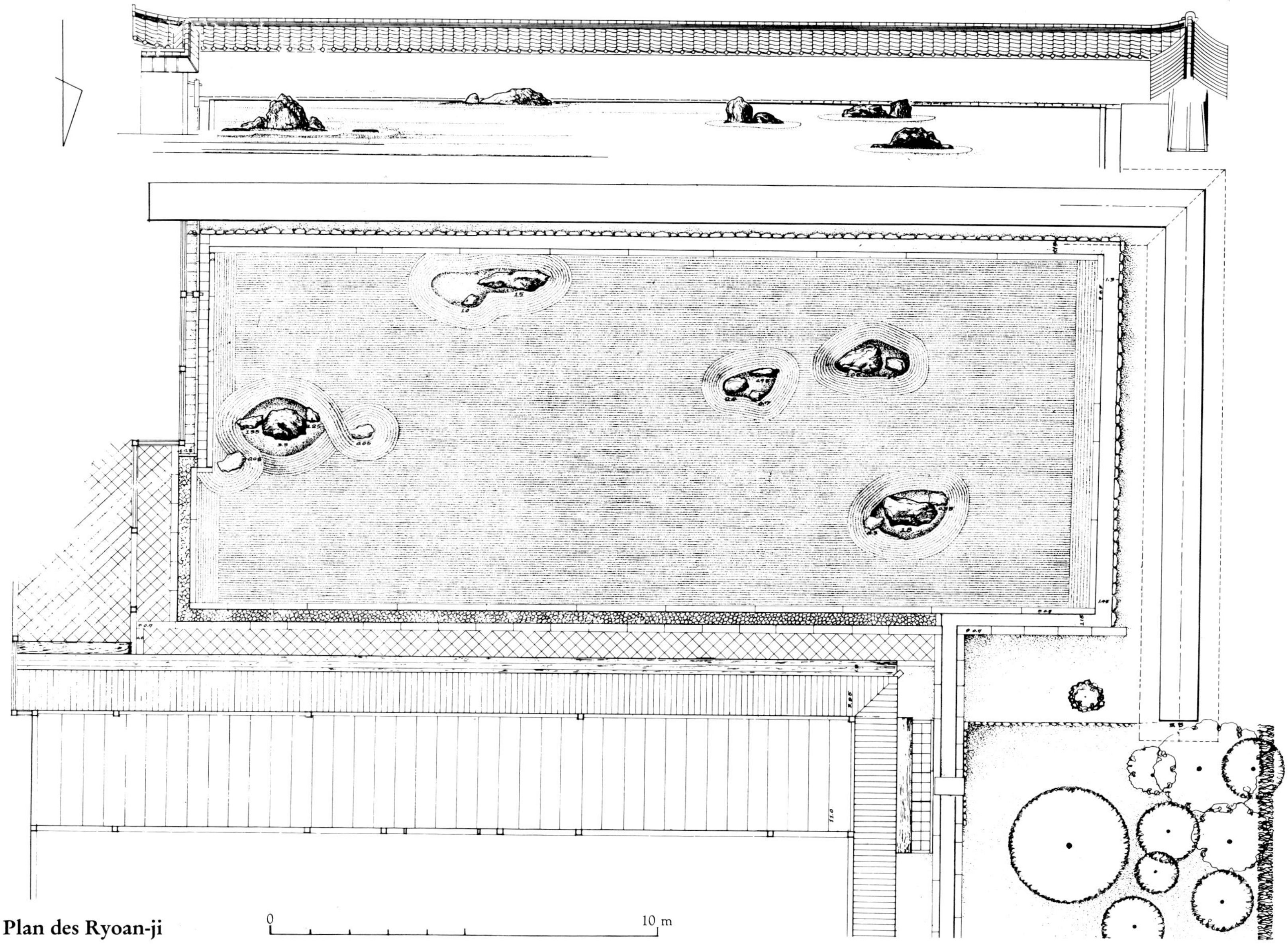

Plan des Ryoan-ji 0 10 m

Teich. Abgesehen jedoch von Kunst-Gegenständen wie Steinlaternen und Wasserschöpfbecken sind die Formen und Maße in einem japanischen Garten naturgegeben und daher in jedem Fall vom Entwurf abweichend. Das Garten-Projektbild diente meist nur dazu, die Neugier des Besitzers zu befriedigen.

Besonders in jüngerer Zeit wollen Auftraggeber vorher eine möglichst genaue Beschreibung, wie ihr Garten aussehen wird. Um Aufträge bemüht, kommen die Gartendesigner dem Wunsch der Klienten nach, jedoch wohl wissend, daß wirklich detaillierte Prognosen nicht möglich sind. Gartenprojekte müssen zum Glück nicht behördlich genehmigt werden und unterliegen nicht Vorschriften und Auflagen wie Hausbauten. Der Gestalter, der einen groben Überblick darüber hat, welche Arten von Steinen erhältlich und welche Arten von Bäumen und Pflanzen auf dem Markt sind, kann von ganz allgemeinen kompositorischen Exposés ausgehen und dann im Lauf der Arbeit, zusammen mit dem Auftraggeber, fortschreitend die näheren Einzelheiten festlegen.

Der Auftraggeber hat beträchtlichen Einfluß auf den Gartengestalter: Meist schwebt ihm von vornherein schon ein bestimmtes Bild des Gartens vor, außerdem trägt er ja die Kosten. Der Gestalter seinerseits hat eigene Präferenzen, weiß, was technisch möglich ist und was nicht, weiß, wie sich diese und jene Entscheidung langfristig auswirken wird. Bei den Meinungsverschiedenheiten, die zwischen Auftraggeber und -nehmer wahrscheinlich entstehen, kommt es vor allem auf gegenseitiges Vertrauen, Kooperation, geduldiges Reifenlassen von Ideen an. Daß ein hartgesottener Individualist ganz im Alleingang einen japanischen Garten erstellt, ist praktisch ein Ding der Unmöglichkeit.

An diesem – heute noch vorherrschenden – System liegt es, daß der berühmte Villengarten Murin-an in Kyoto (1896) manchmal dem Gärtner Ogawa Jihei und manchmal dem Eigentümer, dem Militär und Politiker Yamagata Arimoto, zugeschrieben wird. Im traditionellen japanischen System blieb die Gartengestaltung nie dem professionellen Gärtner allein überlassen; sie war stets ein kooperativer Prozeß und hat daher niemals autokratische Gartenarchitekten im westlichen Sinn erfordert.

Die Gartenschöpfer hatten stets ein Gefühl von Demut und tiefem Respekt vor ihren Werkstoffen (und ihren Auftraggebern). Der berühmte Tempelgarten Ryoan-ji, im westlichen Kyoto, besteht schlicht aus einer mittelgroßen weißen Kiesfläche, darin 15 Steine unterschiedlicher Größe. Weil japanische Gärten oft natürliche Landschaften wiederzugeben oder Lehren des Buddhismus, Taoismus und Konfuzianismus zu symbolisieren suchen, gibt es viele differierende Ausdeutungen des Ryoan-ji. Manche sehen darin ein Meer mit herausragenden Inseln; andere eine Tigerin mit Jungen. Heute ist man solchen konkreten Deutungen eher abhold und betrachtet den Garten mehr als abstrakte Komposition. Einer der 15 Steine im Ryoan-ji hat im Rahmen vorliegender Diskussion besondere Bedeutung, denn er ist an der Unterseite mit zwei Namen beschriftet: Der eine lautet Kotaro, der andere ist durch Verwitterung unleserlich geworden. Nach Meinung eines japanischen Romanciers sollen sich hier Gartengestalter aus der geächteten ›Kawaramono‹-Klasse – als stolze Schöpfer des Ryoan-ji – verewigt haben. Doch diese Annahme ist nicht haltbar: Selbst heute, in viel liberaleren Zeiten, setzen sich Gartenschöpfer keinerlei signierte steinerne Monumente.

Garten Hoshun-in, Kyoto

Naturstein bei Nara, mit eingehauener Sonnen- und Monddarstellung (anonym)

Ein Gärtner, den ich kenne, Okuda Masatomo aus Kyoto, zur Ansicht des Romanciers: »Bei diesem Stein handelt es sich um einen Grenzstein, wie er hier in den Bergen noch ab und zu gefunden wird. Deshalb stehen auch zwei Namen darauf. Jemand hat ihn aufgelesen und aus den Bergen mitgebracht. Gartensteine sind keine modernen Skulpturen. Wir signieren sie nicht. Dem Gartenbesitzer würde das auch sehr mißfallen.«

Zwei wichtige Punkte verdeutlicht Okudas Bemerkung. Zum einen: Der niedrige gesellschaftliche Rang verbietet es dem Gärtner seit je, im Schöpferstolz sein Werk zu signieren. Zum anderen: Natursteine sind Kunstwerke, hervorgebracht durch die langsame Hand der Natur, und dürfen vom Menschen nicht ›nachgebessert‹ werden. Kotaro und sein unbekannter Nachbar, die ihre Namen auf den Stein schrieben, um eine Grenzstreitigkeit beizulegen, sie würden sich sicher amüsieren über den Versuch des Schriftstellers, die Ryoan-ji-Tradition um etwas Neues zu bereichern; vielleicht entlockte es ihnen sogar eine Bemerkung über die weitschweifige Phantasie von Leuten, denen es an Sachkenntnis mangelt.

HERKUNFT DER GARTENSTEINE

Kaum ein japanischer Garten verzichtet auf Natursteine. Im Garten des Shoden-ji (West-Kyoto) gibt es nur geharkten Kies und beschnittene Azaleenbüsche; aber die Pflanzen werden so eingesetzt, als ob es Steine wären. Der chinesische Glockenblumengarten der Abtresidenz des Hoshun-in und der Ahorngarten der Abtresidenz des Koto-in – sie gehören zum Tempelbezirk Daitoku-ji – scheinen beide zunächst ›steinlos‹, besitzen aber bei näherem Hinsehen doch Steine, die ganz unaufdringlich so angeordnet sind, daß sie *in natura* vorkommenden Steinen in Berg und Feld ähneln.

Die große Bedeutung der Steine zeigt sich auch in der Bezeichnung »steinsetzende Priester«, die Gartengestalter früherer Zeiten, vom 12. Jahrhundert an, trugen. Urzeitlicher Naturglaube sah in Steinen göttliche Geister wohnen; vielleicht schwingt dieser längst ausgestorbene Glaube noch nach in der Überzeugung, daß Steine ›fertige‹ Kunstwerke der Natur sind und dem schöpferisch-formenden Eingriff des Menschen entzogen bleiben müssen.

Abgesehen von den Transportkosten gibt es bei Natursteinen – die beim Steinhändler in ›natürlicher‹ Unordnung ausgestellt und feilgeboten werden – keine festen Preise. Ein am Berg, am Fluß, am Meer gefundener Stein hat für jemanden, der darin Natur-Schutt sieht, keinerlei Wert; für jemanden, der den Stein aus irgendeinem Grund als unnennbar schön empfindet, kann er höchst kostbar sein. Eine Granit-Art, der sogenannte Kurama-Stein aus der Region Kurama bei Kyoto, gilt als teuer. Der hohe Preis läßt sich mit der eleganten braunen Farbe erklären, die auf seiner Oberfläche durch Eisenoxydation entsteht; oder auch daraus, daß der Abbau jetzt offiziell verboten und Kurama-Stein dadurch rar geworden ist. Wer die rostbraune Farbe nicht schön findet, hat natürlich auch kein Interesse an Kurama-Stein.

Spezielle bevorzugte Fundorte für Gartensteine gibt es nicht. Man findet sie auf Bergen und in Tälern, in Sümpfen und Flußbetten, am Meer, an Straßen- und Wasserbaustellen, manchmal auch in anderer Leute Gärten, die aus irgendeinem Grund weggerissen werden müssen. Solche Steine werden von Händlern aufgekauft; kann man sich über den Preis nicht einigen, wird der Stein einfach im Boden vergraben. Nach bestimmten spezifischen Charakteristiken des Fundortes, die den Steinen gemeinsam sind, läßt sich eine grobe Einteilung vornehmen: Bergsteine, Flachlandsteine, Flußsteine, Küstensteine (vom Meeresstrand).

Am Fluß Hozu in den Bergen nördlich von Kyoto begegnete ich eines Tages beim Spazierengehen einer Gruppe Männer, die mir seltsam vorkamen wegen ihrer auffallend unterschiedlichen Kleidung. Einige trugen Arbeiterkluft, andere Handwerker- und Facharbeiterkleidung, und einer schien ein vermögender Mann zu sein, vielleicht ihr Arbeitgeber,

Hideyoshi in Daigo, 15. März 1598. Wandschirmbild aus der Momoyama-Zeit

obwohl er im Augenblick nicht das Kommando zu führen schien. Ich fragte sie, was sie da machten, und er antwortete: »Wir suchen Gartensteine.« Was mich sehr erstaunte, denn der Hozu steht unter Staatsverwaltung, und ich dachte, zum Sammeln von Steinen am Ufer und im Flußbett brauche man eine behördliche Genehmigung. Wie sich herausstellte, hatte ich recht.

Steine werden aus zwei Gründen geschätzt: wegen ihrer Assoziationen mit der Vergangenheit und wegen ihres ›uralten‹ Aussehens. Beispiel für ersteres ist der Fujito-Stein, der eine rechte Odyssee durchlaufen hat. Gefunden wurde er am Fujito-Strand in Kurashiki (heute Präfektur Okayama). Ende des 15. oder Anfang des 16. Jahrhunderts wurde er 180 Kilometer per Schiff, dann 50 Kilometer mit dem zweirädrigen Karren ins Binnenland geschafft, zum Garten der Familie Hosokawa, hohe Amtsträger im Muromachi-Shogunat und Militärherrscher der Awa-Provinz (Shikoku).

1569 begann Kriegsherr Oda Nobunga (1534–82), der die Einigung des kriegszerrissenen Japan einleitete, in Kyoto mit dem Bau eines neuen Herrensitzes für den Shogun Ashikaga Yoshiaki. Am 3. März, dem Pfirsichblütenfest (heute heißt es ›Mädchentag‹), führte er 3000–4000 Arbeiter an, die, begleitet von Flöten- und Trommelmusik, den reich mit Brokat und Blumen geschmückten Fujito-Stein vom Hosokawa-Haus zum neuen Bau zogen, wo er im Garten installiert werden sollte. Die Parade war eine Achtungsbezeugung des Kriegsmannes an den Shogun; interessant hier für unsere Belange, daß der Stein als wertvoll genug erachtet wurde, Mittelpunkt der Demonstration zu sein.

1586 war der Shogun Yoshiaki vertrieben, sein Haus zerstört. Ein neuer Militärherrscher war an der Macht: Toyotomi Hideyoshi (1536–1598). Für seine Residenz Jurakudai holte er sich den Fujito-Stein, der aber auch an seinem neuen Standort nicht lange blieb. Am 15. März 1598, fünf Monate vor seinem Tod, gab Hideyoshi ein prunkvolles Blütenfest in Daigo, südöstlich von Kyoto, und wohnte in der Abtresidenz des Tempels Kongorin-in, der heute Sambo-in heißt. Dort ließ er im Klosterbezirk umfängliche Renovierungen vornehmen, wohl für ein weiteres Blütenfest, das dort im nächsten Jahr für Kaiser Goyozei (1571–1617) stattfinden sollte. Dazu ließ er auch den Fujito-Stein in den Garten des Sambo-in versetzen, und dort steht er heute noch, reich behaftet mit historischen Assoziationen und dadurch kostbar. Ein Stein von fast monströser Gestalt, wohl so recht nach rauhem Kriegergeschmack.

Zweiter Faktor für den Wert eines Steines: seine Ausstrahlung von Alter. Seit dem Zweiten Weltkrieg sind auch ›neue‹ Steine, die beim Abspalten im Steinbruch interessante Zufallsformen erhalten haben, zusehends beliebter geworden, sie finden in berühmten Gärten Verwendung wie etwa Tange Kenzos Gartenanlage für die Kagawa-Präfekturhalle (1958). Traditionell aber meidet der japanische Gärtner frischgebrochene Steine, er bevorzugt solche, die durch Wind und Wetter über die Jahre eine ausgeprägte natürliche Patina erworben haben.

Diese Patina – *sabi* genannt – differiert je nach Herkunft des Steines: Es gibt Gebirgspatina, Meerespatina, auch Gartenpatina, die sich ein Stein speziell durch langes Liegen an einem Ort erwirbt. Auch hier wieder starke Unterschiede, je nach ästhetischem Standort des Betrachters. Was der eine als reizvoll-herbe Alterung empfindet, kann dem anderen schmuddelig oder nichtssagend erscheinen. Es gibt Steinhändler, die Steine extra mit Chemikalien behandeln und im Boden vergraben, um die Patina vorzutäuschen, die viele so anspricht.

Bestimmte Steine jedoch, ganz gleich wie alt, gelten als geschmacklos. Darunter fällt zum Beispiel Vulkangestein wegen seiner bizarren Formen. In Gärten findet es sich nur selten; wenn, dann meist als Ventil für Frustrationen des Gartenbesitzers. Einige formal vielleicht zu gewagte Steine werden wegen ihrer Oberflächenbeschaffenheit geschätzt, besonders im nassen Zustand. Beispiel: ein großer grünlich-

Der Fujito-Stein, Sambo-in, Kyoto

blauer Stein aus Kishu (Präfektur Wakayama) im Ostgarten der Abtresidenz des Daisen-in im Tempel Daitoku-ji, einem Trockenlandschaftsgarten. Auf grünblauem Untergrund des Steines erscheinen weiße Streifen, die einen schäumenden Bergwasserfall suggerieren. Ähnliche grünlich-blaue Steine – mögliche Herkunft: Kishu, Shima (Präfektur Mie) oder Iyo (Präfektur Iheme) – liegen im Garten Sambo-in, im Schloßgarten Nijo (2. Bau) und im Tempelgarten Nishi Hongan-in (alle Kyoto).

Obschon in Abhandlungen über Gartensteine meist Kyoto im Mittelpunkt steht, wegen der dortigen Ballung berühmter Gärten, haben auch andere Regionen geeignete Steinarten in praktisch endloser Mannigfaltigkeit. Beim Stein spielt die Herkunft eigentlich auch kaum eine Rolle. Doch hat es sich eingebürgert, von ›einheimischen‹ und ›zugereisten‹ Steinen zu sprechen; unter den 15 Steinen im Ryoan-ji beispielsweise sind beide Kategorien vertreten.

AUFSTELLUNG DER GARTENSTEINE

Ungeachtet ihrer vielfältigen Formen unterscheidet man bei Gartensteinen grundsätzlich sechs Flächen, wie beim Würfel, die eigene Namen tragen. Die Vorderseite heißt *mitsuki* (manchmal auch *mitsuke* ausgesprochen), sie kann senkrecht stehen, ist aber meist geneigt, nach rechts oder links, nach hinten oder vorn. Die beiden Seitenflächen rechts und links heißen *mikomi* und können, wie die Vorderseite, geneigt oder ganz unregelmäßig sein. Meist stehen sie nicht rechtwinklig zur Vorderfläche. Die oben abschließende Fläche des Steins heißt *tenba.*

Gartensteine werden – im Gegensatz zu vielen Steinen in der Natur – stets zum Teil in die Erde eingegraben. Der versenkte Teil heißt *shiki;* die Linie, an welcher der Stein im Boden verschwindet, heißt *ne* (Wurzel) oder auch *suso* (Saum). Die Gestalt dieser Linie bestimmt sich aus der Tiefe, bis zu welcher der Stein eingegraben wird. Auf Linie und

Trockenwasserfall im Daisen-in, Kyoto

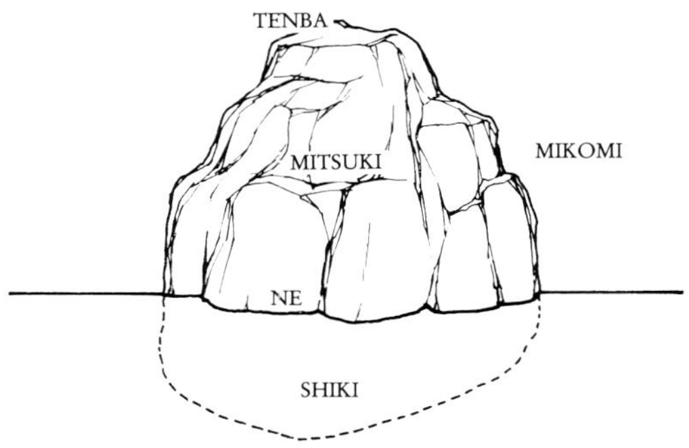

Teile eines Steines

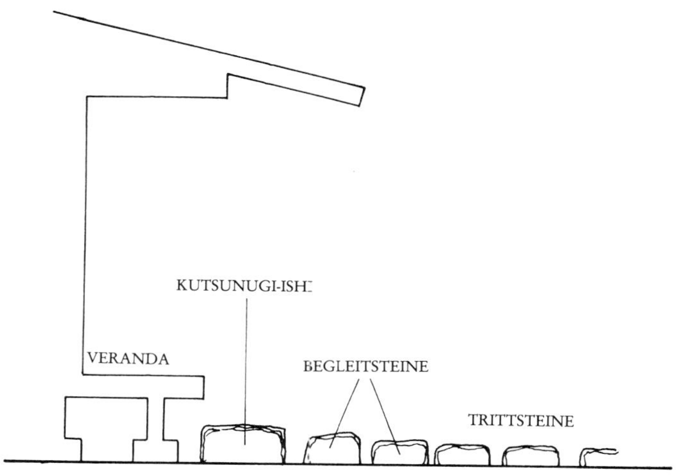

Stein zum Ausziehen der Schuhe

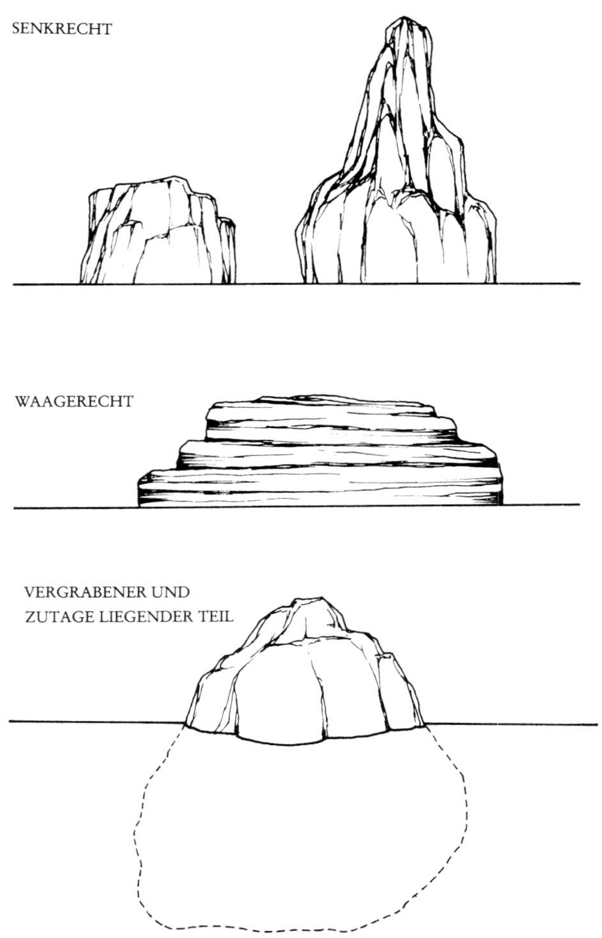

Dekor-Steine

Tiefe achten die Gärtner besonders, denn diese Faktoren haben großen Einfluß auf Schönheit und Ausstrahlung des Steins. Ein kurzer Exkurs über Lage und Funktion von Steinen im traditionellen japanischen Garten:

1) *Kutsunugi-ishi*, der Stein, auf dem sich der Besucher die Schuhe auszieht. Er liegt unmittelbar vor der Veranda; wegen seiner Zweckbestimmung muß er eine möglichst flache Oberfläche haben. Manchmal findet man entsprechend flache Natursteine; manchmal werden Steine zu rechteckiger Form behauen. Das traditionelle Haus hat ein weit überkragendes Dach, und der *kutsunugi-ishi* wird unter den Dachvorsprung plaziert, so daß man sich bei Regen darauf ohne Schirm die Schuhe ausziehen kann und trotzdem nicht naß wird.

Die beiden zum Gartenpfad hin anschließenden Steine werden mit dem Schuhstein zusammen als Dreiergruppe betrachtet, die den Pfad als separate Einheit abschließt. Die beiden Steine müssen zwischen dem hohen Schuhstein und den niedrigen Trittsteinen des Pfades einen gut abgestuften Übergang bilden. Wichtig auch hier: die Harmonie zwischen den drei Elementen der Gruppe.

2) *Keiseki*, Zier- oder Dekorsteine. Sie werden meist einzeln gesetzt, komplementär zu Rasen- und Moosflächen oder zum Eingang des Gartens. Gibt es keinen genügend reizvollen Stein, der diese Aufgabe allein erfüllen kann, ist auch eine Zweier-Steinsetzung, ein größerer und ein kleinerer Stein, möglich. Gegebenenfalls können noch niedrige Pflanzen hinzukommen.

Für die Aufstellung des Steins sind drei Hauptüberlegungen maßgebend. Erstens: Es gibt Steine, die am harmonischsten und schönsten wirken, wenn sie aufrecht stehen *(tate-ishi)*, andere eignen sich mehr für liegende Position *(yoko-ishi)*. Steine, die relativ dünn sind, mit flächiger Oberseite *(hira-ishi)*, kommen zum Beispiel mehr der liegenden Position entgegen.

Zweitens: Der Stein soll so gesetzt werden, daß er auf Auge und Phantasie des Betrachters möglichst groß wirkt. Man könnte denken, das ginge am besten, wenn der Stein ganz oder fast ganz freiläge, aber das stimmt nur bedingt. Ein ganz freiliegender Stein erweckt oft einen Eindruck von Leichtigkeit und Kleinheit, während ein teilweise eingegrabener Stein die Illusion eines ›lastenden‹, massiven Blocks erweckt. Es wird behauptet, in den Gärten von Kyoto lägen manche Steine bis zu 90% in der Erde versenkt; ich glaube, 50–70% entspricht eher der Wahrheit.

Dritter Gesichtspunkt: die Lage des Ziersteins in Relation zum übrigen Garten. Er kann flüchtig-zufällig hingesetzt wirken, kann aber auch so gesetzt sein, daß er in den Brennpunkt der Aufmerksamkeit tritt und tragendes Element der Gartenkomposition wird.

3) *Ishi-gumi*, Steingruppen. Eine Gruppe von drei oder mehr Steinen, zum geschlossenen ästhetischen Arrangement zusammengefaßt, heißt *ishi-gumi* (manchmal auch *iwa-gumi*). Nach altem Naturglauben galten Steine zunächst als Sitz göttlicher Geister, und noch heute findet man bei Shinto-Schreinen heilige Steingruppen. Als dieser Glaube ausstarb, rückte dann immer mehr die Steingruppe selbst bzw. ihr ästhetischer Reiz in den Vordergrund – als Darstellung von Bergen, Tälern, Flußbetten, und in neuerer Zeit als abstraktes Kunstwerk.

Wegen ihrer materialbedingten Beständigkeit bilden Steine meist das Gerüst des japanischen Gartens. Aufgrund der Assoziationen mit ›Zeitlosigkeit‹ und ›Ewigkeit‹ hielten früher Gärtner und Auftraggeber eine Zeremonie ab, wenn ein Stein in den Garten gebracht wurde.

Durch Lastautos und Kräne lassen sich heute auch große Gartensteine technisch recht einfach bewegen; noch vor 50 Jahren war das anders. Um damals aus den Bergtälern im Norden von Kyoto einen Stein zu holen, brauchte man einen Karren mit drei Zugochsen. Einen ganzen Tag, vielleicht sogar zwei oder drei, dauerte es, bis der Stein aus seiner ursprünglichen Lage weggeschafft und auf den Karren geladen war. Mit der Fahrt in die Stadt warteten die Ochsentreiber

Steintransport-Prozession für Tokugawa Ieyasus Schloß in Shizuoka. Wandschirmmalerei aus der Edo-Zeit

bis zum Anbruch der Nacht; vielleicht weil man in ferner Vergangenheit glaubte, sakrosankte Steine dürften erst an ihrem endgültigen Standort dem Blick ausgesetzt werden. Vielleicht spielte auch der Urglaube mit, daß nachts die Geister unterwegs wären, oder auch praktische Sicherheitsrücksichten auf Fußgänger. Jedenfalls wurde die Sitte befolgt, zweifellos ohne bewußte Kenntnis ihrer Ursprünge.

Gegen Morgengrauen kam der Karren am Haus des Auftraggebers an. Hausherr und Hausherrin, Großeltern und manchmal auch die Kinder, waren wach und warteten. Am Tor leuchtete ein mit dem Familienwappen geschmückter Lampion: Wegweiser wie auch Votivopfer für den ankommenden Stein. Tauchte dann endlich der Karren auf, hielt die Familie eine kleine Feier ab, mit Sake und Essen für den Gärtner und seine Arbeiter, mit Wasser und Futter für die Ochsen. Eine Feier, die mehr als nur eine Formalität war. Sie versinnbildlichte den Willen von Auftraggeber und -nehmer, gemeinsam den schönstmöglichen Garten zu schaffen. Besiegelt wurde das Vorhaben durch Austausch von Getränken; formelle Verträge kannte man nicht. Grundlage bildete gegenseitiges Vertrauen. Der Klient und der (meist rangniedrigere) Gärtner verpflichteten sich, als Ebenbürtige zusammenzuarbeiten.

Natürliche Felsenküste, Rikuchu-Nationalpark, Iwate

STEINGRUPPEN

Vorbilder für Gartensteingruppen waren zunächst Naturlandschaften bzw. Einzelelemente daraus: Felsblöcke, Felswände aus den Bergen; ungewöhnliche Steingruppierungen in Bergbächen, Ufersteine an Flüssen im Flachland; Sand, Kiesel, Kiefern am Meeresstrand; Felsbrocken, gegen die das Meer brandet; Szenen, die seit langem auch in der Malerei beliebt waren und sind. Mit ihrer Beobachtungsgabe und ihrer Fähigkeit, in künstlerischer Darstellung die Natur zu transzendieren, sind Maler seit allerfrühester Zeit denn auch als Gartenschöpfer zum Einsatz gekommen.

Ausschnitt aus der Bildrolle »Kasura-gongen kenki emaki«: die Residenz von Taira no Toshimori

Nach einem Dokument namens *Shugai-sho* aus dem 13. Jahrhundert wurde beispielsweise Ende des 9. Jahrhunderts der Hofmaler Kose no Kanaoka zum Aufseher der kaiserlichen Residenzgärten Shinsen-en bestimmt, die aus einem großen quellengespeisten See und Wäldern für die Jagd bestanden. Besonders gut beherrschte Kanaoka den sogenannten *yamato-e*-Stil, der zu seinen Lebzeiten Bedeutung gewann. Im Gegensatz zum *kara-e,* der chinesischen Malerei, handelt es sich beim *yamato-e* um einen weitgehend einheimischen Stil mit ausschließlich japanischen Sujets, der sich gut als Inspirationsquelle für die Gartenkunst eignete, da er die Landschaft in den Vordergrund stellte, nicht so sehr den Menschen.

Kanaokas Urenkel Kose no Hiratoka (999–1003), Porträtmaler und buddhistischer Sakralkünstler, der am Kaiserpalast Wandmalereien schuf, hat sich ebenfalls gartenkünstlerisch betätigt. Das Gartenbuch *Sakutei-ki* zitiert ihn wie folgt. »Gartensteine dürfen nicht an allzu einsamen Orten stehen. Wird eines der mit dem Steinsetzen verbundenen Tabus verletzt, wird dem Hausherrn Unglück zustoßen, und seine Familie wird nicht lange Bestand haben.« Das Buch führt dann 17 solcher Tabus auf.

Ein Zeitgenosse Hiratokas namens En'en lebte im Tempel Anrakuritsu-in auf dem Berg Hiei, wo er buddhistische Bilder im *yamato-e*-Stil malte. Auch er hat, nachgewiesenermaßen, Gärten gestaltet. Der Autor des *Sakutei-ki* nennt ihn einen orthodoxen Anhänger der Steinsetzungstradition und erwähnt, daß er ein Buch von ihm besitzt. Die Bildrolle *Kasuga-gongen reigen-ki* (1309), jetzt im Besitz des Kaiserhauses, enthält ein Bild des Hauses von Taira no Tashimori; ein klassisches Beispiel für die Art von Malerei, die Gartenkünstlern wie En'en als Vorlage diente. Dargestellt ist ein Teich, wo um ein Boot herum Wasservögel spielen. Am Ufer: Steingruppen, Kiefern, Zierpflanzen, teils blühend. Pfauen zieren einen kleinen künstlichen Hügel; Kaninchen spielen auf einem Feld, das mit Gräsern und anderen Pflanzen bewachsen ist; durch die Landschaft schlängelt sich ein Bach.

Auch im 15. und 16. Jahrhundert pflegte eine kleine Gruppe Maler die Gartenkunst. Sesshu Toyo (1420–1506), einer der hervorragendsten unter ihnen, orientierte sich stilistisch an der chinesischen Tuschmalerei der Sung-Dynastie; seine hochindividuellen Steingärten sind geprägt von einem Stil, der im Reichtum an Tönen, der sich mit der monochrom-schwarzen Tusche erzeugen ließ, fünf verschiedene Farben entdeckte. Der Garten des Tempels Joei-ji (Präfektur Yamaguchi), komponiert aus Steinen, einem Teich, Rasen und beschnittenen Pflanzen vor dem Hintergrund eines Bergwaldes, ist ein Beispiel für Sesshus Arbeit – chinesische Tradition in einer stark japanisierten Form.

Bis ins 17. Jahrhundert, und noch länger, hatten Traditionen der Tuschmalerei Einfluß auf die japanische Gartenkunst. Der chinesische Klassiker über Malerei, das »Senfkorn-Gartenhandbuch der Malerei« *(Jieziyuan huachuan)* vom Maler Wang Gai (1663–1712), wurde in Japan nachgedruckt; das Werk enthält allgemeine Mal-Richtlinien und Illustrationen von Bäumen, Bergen, menschlichen Gestalten und Steinen. Obschon hauptsächlich als Anleitung für die Pinselkunst gedacht, hatte es – speziell in seinen Stein-Abbildungen – auch Modellcharakter für den japanischen Gartenbau.

Wie bereits bemerkt, beginnen Steingruppierungen mit Zweierkombinationen, einem großen und einem kleinen Stein, der den großen hervortreten läßt und dessen etwaige Mängel kompensiert. Die Kombination der beiden wird als Einheit gesehen, nicht als zwei zusammengestellte Einzelelemente.

Die grundlegende Steinkombination ist jedoch die Dreiergruppe, eine Himmel, Erde und Mensch versinnbildlichende Triade, die ihrerseits Symbol für den ganzen Kosmos ist. Der größte Stein, repräsentiert den Himmel, der kleinste den Menschen, der mittlere die Erde. Vor allem kommt es bei solchen Gruppen – unabhängig von der Deutung – auf Harmonie an. Als ›Treffer‹ *(warete-iru)* bezeichnen Gartenkünstler eine Gruppe von besonders gelungener harmonischer

Sesshus Garten Joei-ji, Yamaguchi

»Herbstlandschaft«, von Sesshu

Ausgewogenheit. Werden vier oder mehr Steine kombiniert, bleibt die Triade als gedachte Einheit innerhalb der größeren Gruppe immer erhalten. Vielleicht nimmt die Triade deshalb eine so zentrale Stellung ein, weil der japanische Garten sowohl als Ganzes als auch in seinen Teilen gern als Mikrokosmos des Universums gedacht wird.

Seit Mitte des 19. Jahrhunderts werden Steingruppen auch nach rein abstrakt-ästhetischen Gesichtspunkten komponiert. Das war in der Vergangenheit nicht der Fall. Bereits erwähnt haben wir die 17 Tabus aus dem *Sakutei-ki;* diese Tabus – teils mit deutlich okkultem Beigeschmack – wurden strikt befolgt. Zur Veranschaulichung hier einige in Kurzform:

1) Werden Steine, die von Natur aus senkrechte Orientierung besitzen, im Garten waagerecht gesetzt, fährt ein böser Geist in sie und bringt Fluch.
2) Steine, die mehr als 5 *shaku* (rund 1,5 Meter) hoch sind, dürfen nicht nach Ostnordost gesetzt werden, sonst werden sie zum Dämon, der aus der Unglücksrichtung Nordost eindringt.
3) Wird ein Stein, der höher ist als die Veranda, nahe ans Haus gesetzt, folgt ein Unglück auf das andere, und der Hausherr wird dort nicht mehr lange wohnen. Diese Einschränkung gilt nicht für buddhistische Tempel und Shinto-Schreine.
4) Einen Stein direkt an den Südwestpfeiler des Hauses zu setzen, bringt Krankheit in die Familie.
5) Wird ein waagerecht orientierter Stein mit der Vorderseite nach Nordwest gesetzt, sammelt sich kein Reichtum im Speicher. (Lagerhäuser für Wertvolles wurden oft im Nordwesten gebaut, der für Reichtum günstigen Richtung.)

Hinter diesen Tabus standen meist durchaus handfeste ästhetische und hygienische Überlegungen, bedingt durch Japans spezielle Klima- und Umweltverhältnisse. Gartengestalter und Auftraggeber betrachteten diese Tabus nicht unbedingt als Verbote im strengen Sinn, sondern nutzten die Sachkenntnis und Erfahrung, die aus ihnen sprach.

Bild aus dem chinesischen »Senfkorn-Gartenhandbuch der Malerei«

Teegarten von Iwaki Sentaro für sein Privathaus in Tokyo

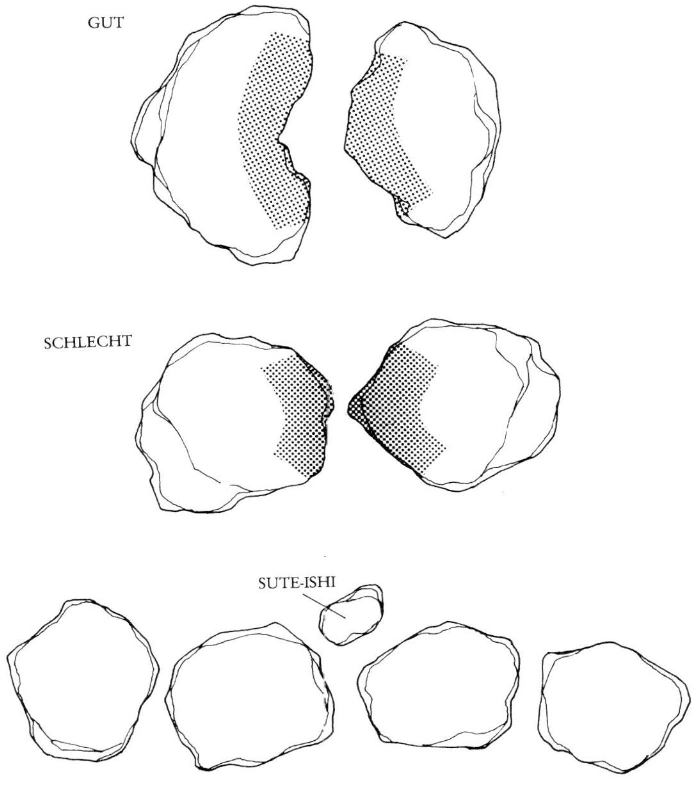

Das Verbinden von Trittsteinen

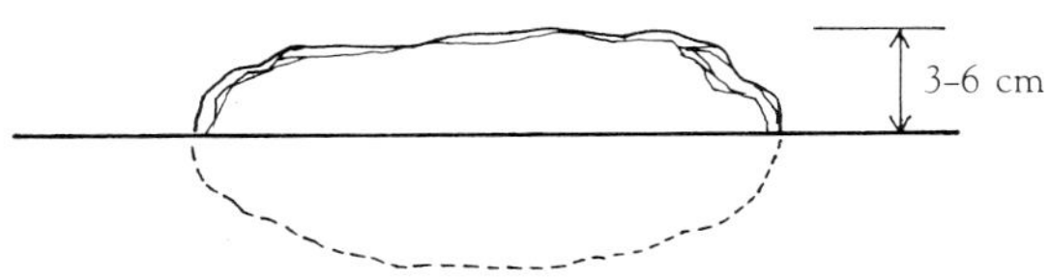

Trittsteinhöhe

TRITTSTEINE

Bereits zur Sprache kam die doppelte Bedeutung der Trittsteine – die funktionale und die ästhetische – und der unterschiedliche Stellenwert, den die einzelnen Teemeister diesen beiden Komponenten zumaßen. Etwa seit Anfang des 17. Jahrhunderts, seit Aufkommen der Teegärten, verbinden Wege aus Trittsteinen die einzelnen Gartenbereiche: Eingang, inneres Tor, Wartehütte, Toilette, Wasserschöpfbecken, Tor zwischen innerem und äußerem Garten, Eingang zum Teehaus. Seit damals bilden Gartenpfade ein wichtiges Element im traditionellen japanischen Garten. Die dazu benutzten Steine fallen grob gesprochen in zwei Größenordnungen: 40–60 cm Durchmesser – also etwa groß genug für einen menschlichen Fuß – und etwa doppelt so groß, so daß zwei Füße darauf passen. Generell bestehen die Wege aus Ein-Fuß-Steinen im Abstand von etwa zehn Zentimetern, dazwischen in Abständen größere Steine, die dem Arrangement mehr dekorativen Reiz geben sollen. Die Norm heißt also: auf zwei Meter Weglänge vier bis fünf Steine. Das entspricht der Schrittlänge von Menschen im Kimono, die etwas kürzer ist als die Schrittlänge von Menschen in westlicher Kleidung.

Für diese Wege kommen Natursteine unterschiedlichster Form zur Anwendung; Aufgabe des Gärtners ist es, sie so zu setzen, daß ein Eindruck von Harmonie und Kontinuität entsteht. Genau berücksichtigt werden muß dabei der Umriß der Steine, besonders die Form der Seiten *(aiba),* die aneinanderstoßen bzw. einander gegenüberliegen. Da es nicht immer möglich ist, Steine zu bekommen, die harmonisch nebeneinanderpassen, werden manchmal kleine Zwischensteine (*sute-ishi,* die sogenannten ›Wegwerfsteine‹) zusätzlich eingefügt als optisches Bindeglied zwischen den Trittsteinen. Auf diese kleinen Steine tritt man jedoch nicht.

Für die Steinhöhe – den Abstand zwischen Erdboden und Oberkante – gibt es keine festen Regeln; auch hier entscheidet der persönliche Geschmack. Eingebürgert hat sich eine Höhe

Trittsteine in »Gänseformation«

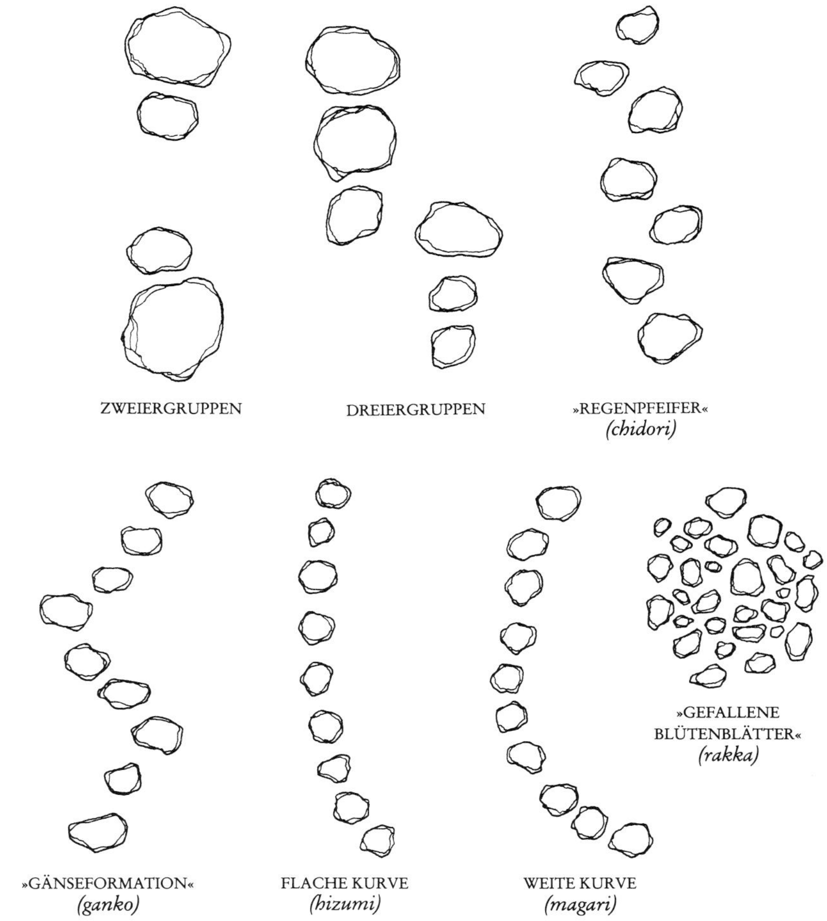

Trittstein-Anordnungen bei Gartenpfaden

von 3–6 cm. In kleinen Gärten wirken hohe Steine, in großräumigeren Kompositionen niedrigere Steine harmonischer. Bei Moos- und Rasendecken und in Klimaregionen mit starkem Schneefall werden zwangsläufig die Steine höher gesetzt. In Teegärten setzt man dort, wo sich der Pfad dem Teepavillon nähert, die Steine fortschreitend niedriger und näher zusammen, damit sich der Gehrhythmus des Besuchers verlangsamt, der Besucher bei Annäherung an das Teehaus ruhiger wird und sich sammelt.

Man könnte denken, der Gartenpfad ließe sich einfach sukzessive hintereinander anlegen, Stein an Stein. Da jedoch Natursteine nicht in festliegenden, verläßlichen Größen und Formen erhältlich sind, geht das nicht. Man setzt daher zunächst eine Art Rahmen aus Eck- oder Basissteinen an strategischen Punkten: die Steine am Anfang und Ende des Gartens; den Stein, auf dem die Schuhe ausgezogen werden; den Stein, auf dem man steht, um die Steinlaterne anzuzünden; den Stein vor dem Wasserschöpfbecken, der groß genug sein muß für zwei Personen (der höhere Typus des Wasserbeckens heißt *chozubachi*, der niedrigere *tsukubai*); die Steine vor und hinter dem inneren Tor; breite Steine am Teichufer, wo man stehenbleiben und die Szenerie bewundern kann; und noch mehrere andere. Ist der Rahmen fertig, werden die restlichen Trittsteine eingefügt. Auch dadurch erreicht man nicht immer gleich beim ersten Versuch eine harmonische Komposition. Oft werden Steine gesetzt, mangelhaft befunden und gegen andere ausgetauscht, die besser passen. Daher ist es nötig, eine möglichst umfangreiche Steinsammlung aller Größen und Formen bereit zu haben. Die nicht verwendeten Steine werde vergraben oder im Teich versenkt; auch über die ästhetische Ausstrahlung und Stimmung von Steinen, die unten am Teichgrund sichtbar sind, hat sich ein Gartengestalter geäußert.

Manchmal werden große und kleine Steine zu Gruppen kombiniert, die dieselbe Funktion erfüllen wie unter normalen Umständen ein einziger Stein. Es kann sich um Zweier- und Dreiergruppen in jeder beliebigen Größen- und Formenzusammenstellung handeln. Zuweilen bildet man sogenannte Fünfergruppen, bestehend aus einer Zweier- und einer Dreiergruppe; es sind aber insgesamt nur vier Steine, von denen einer doppelt gezählt wird, beiden Gruppen zugehörig. Zwei Gruppen von Dingen so durch ein beiden gemeinsames Element zu verbinden, kommt auch in anderen japanischen Kunstbereichen vor (Graphik, Plastik).

Die schnurgerade Linie ist beim Gartenwegbau so gut wie unbekannt: Sie gilt als schwierig anzulegen, schwierig zu begehen und optisch reizlos. Formen, die statt dessen zur Anwendung kommen: weite Kurve *(magari)*; flache Kurve *(hizumi)*; Zickzacklinie, die jeweils nur einen Stein hin- und herspringt, genannt »Regenpfeifer« *(chidori)* nach den Spuren dieses Vogels am Strand; Zickzacklinie, die mehrere Steine hin- und herspringt, genannt »Gänseformation« *(ganko)* nach der V-förmigen Flugformation der Gänse. In bestimmten Ausnahmefällen werden Trittsteine so gesetzt, daß sie wie wahllos hingeschüttet wirken. Das heißt *rakka* (»gefallene Blütenblätter«). Anzumerken: sämtliche Trittsteinmuster sind echten Naturphänomenen nachgebildet.

MUSTER IM KIES

See- und Flußsand ist für die dekorativen Bodenmuster in japanischen Gärten zu feinkörnig. Er verweht zu leicht im Wind, Harkmuster zerbröckeln. Man nimmt deshalb lieber verwitterten Granitkies mit einer Körnung von etwa fünf Millimetern. In den Gärten von Kyoto kommt fast ausschließlich Kies aus den reichen Vorkommen des Shirakawa-Distrikts zur Anwendung.

Wie bereits erwähnt: In alten Zeiten wurden an bestimmten Stellen Kiesflächen angelegt, kultische Reinheit symbolisierend. In der Muromachi-Zeit (1333–1568) war Kies in den Karesansui-Gärten (Trockenlandschaft) Ersatz für Wasser. Ein Beispiel dafür: die Gärten der Residenz Kitayama, heute

Kies mit geharkten ›Wellen‹, Ginkaku-ji, Kyoto

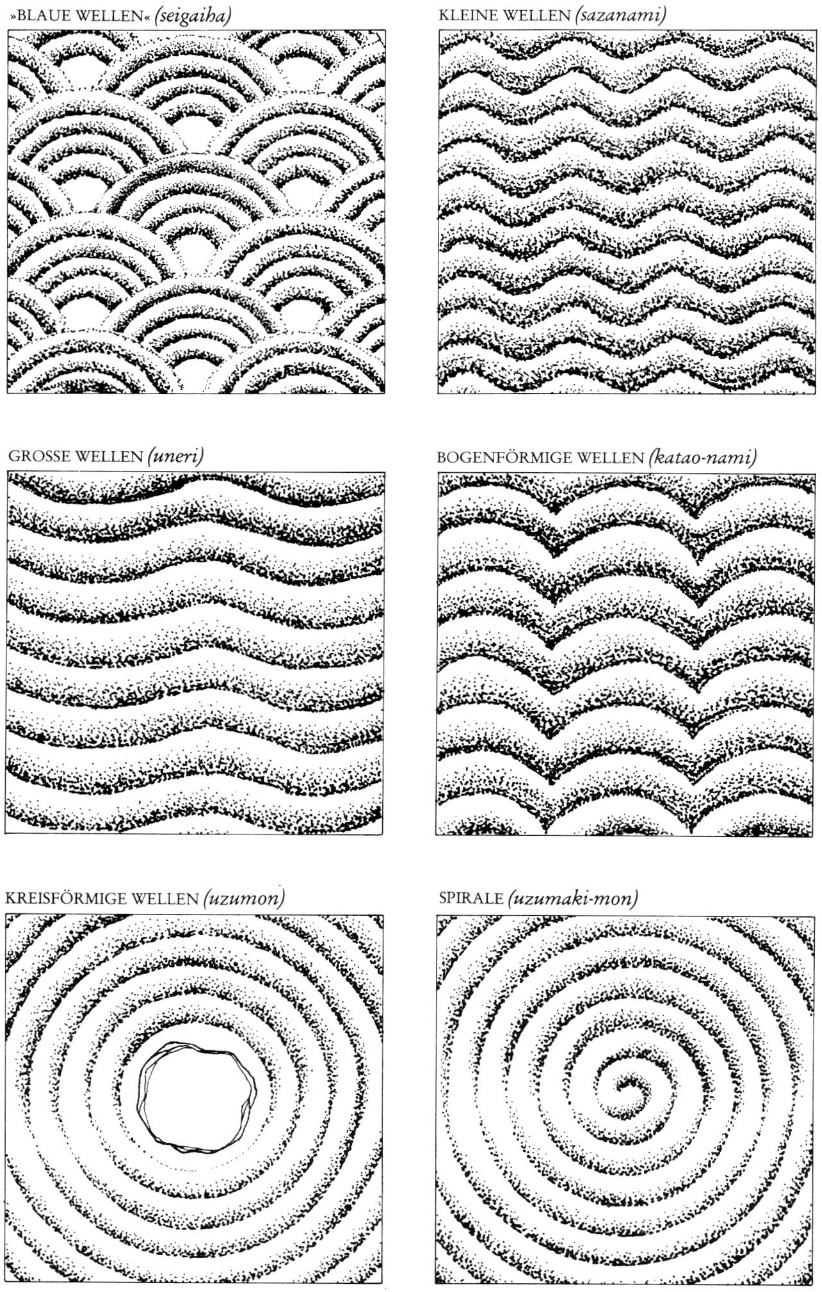

Harkmuster

Rokuon-ji oder Kinkaku-ji genannt (Tempel des Goldenen Pavillons), errichtet vom Ashikaga-Shogun Yoshimitsu. Nach dem Buch *Ashikaga chiran-ki* waren nördlich und westlich von dem berühmten Goldenen Pavillon, der Kaiserbesuchen diente, frühblühende Kirschbäume gepflanzt, und zwischen Bäumen und Gebäude lag eine Kiesfläche in fünf Farben, mit einem Harkmuster, das kleine Meereswellen darstellen sollte.

Die meisten Karesansui-Gärten entstanden an Zen-Tempeln und -Subtempeln, und weiträumige dekorative Muster in den Kies zu harken galt (und gilt heute noch) als geistliche Übung. Die häufigsten Muster: kleine Wellen *(sazanami)*; große Wellen *(uneri)*; bogenförmige Wellen *(katao-nami)*, ein in der japanischen Dichtung häufig erwähntes Muster; parallele Zickzacklinien *(ajiro-nami)*; ein Muster namens »Blaue Wellen« *(seigaiha)*, das an Fischschuppen erinnert und in Großgärten zur Anwendung kommt; Spiralen *(uzumaki-mon)*; kreisförmige Wellen *(uzumon)* um einen Stein herum; das sogenannte Löwenmuster *(shishi)*; ein verschlungen-strömendes Muster *(kanzenzui)* und viele weitere. Sie werden auch miteinander kombiniert.

STEINLATERNEN

Vereinzelt gibt es Holz- und Metallaternen, im Regelfall ist die Laterne im japanischen Garten jedoch aus Stein – meist Granit, leicht verwittert, um das beliebte Aussehen von Würde, Alter und Erlesenheit zu erreichen. Weiterer Pluspunkt des Granits: er ist relativ leicht zu bearbeiten.

Entstanden ist die Steinlaterne als Votivlampe vor den Hallen buddhistischer Tempel. Etwa vom 13. Jahrhundert an wurde sie in dieser Funktion auch von den Shinto-Schreinen übernommen. Im 16. Jahrhundert dann begannen Teemeister, sie in ihre Gärten zu versetzen; mit dieser Versetzung ging eine formale Auffächerung einher, man entwickelte neue Typen für den allgemeinen Gebrauch im Garten. Ohne

Bindung an die Religion, ist die Gartenlaterne heute reines Dekorationsobjekt.

Man unterscheidet drei Haupttypen. Der älteste: die Taima-ji-Laterne, benannt nach dem gleichnamigen Tempel, Entstehungszeit 8. Jahrhundert. Sie ist etwa 2,20 m hoch und besteht aus sechs Teilen: Sockel, Schaft, Plattform, Leuchtkammer, Schirm und Schmuckknauf. Zu diesem Typ gehören die meisten Laternen des Kasuga-Schreins in Nara.

Der zweite Typus: die koreanische Tempelleuchte, die Schirm und Schmuckknauf miteinander kombiniert; die große Plattform und Leuchtkammer und der kurze Schaft geben ihr ein gedrungenes Aussehen. Eine sehr massige Laterne, die sich nur für weiträumige Gärten eignet. Kleinere Versionen sind für den allgemeinen Gebrauch entwickelt worden.

Der dritte Typus unterscheidet sich mit großer Formenvielfalt von allem, was man in Buddha- und Shinto-Heiligtümern findet. Repräsentativ dafür sind die Yukimi- (»Schneebetrachtungs«-) Laterne und die Oribe-Laterne. Erstere hat einen breiten Schirm und steht auf vier Beinen; letztere, etwas vereinfacht und stilisiert, hat keinen Sockel mehr und ›wächst‹ mit dem Schaft aus der Erde. Diese Laternenform wird dem Samurai und Teemeister Futura Oribe (1544–1615) zugeschrieben, obwohl es keine Beweise für diese Annahme gibt. Angeblich zeigen diese Laternen auch Spuren christlichen Einflusses (die manchmal auf dem Schaft auftauchenden Menschenreliefs sollen – ein eher legendärer Volksglaube – die Jungfrau Maria darstellen). Dies ist jedoch unwahrscheinlich, da Oribe-Laternen zum Beispiel auch am Shinto-Schrein Kitano in Kyoto zu finden sind.

Wegen ihrer relativ geringen Leuchtkraft sind Gartenlaternen mehr als ästhetische Objekte denn als Beleuchtungskörper zu sehen. Dennoch muß ihre Plazierung neben ästhetischen auch praktische Gesichtspunkte berücksichtigen, wenn sie am inneren Tor, an der Wartehütte, am Wasserschöpfbecken von Teegärten, in dunklen Hainen und am Teichufer von normalen Gärten aufgestellt werden. Man glaubt, daß das Licht der Laterne auffallen muß, um richtig gewürdigt zu werden; deshalb läßt man sie in mondhellen Nächten heller leuchten als in dunklen.

PFLANZEN

Die pflanzlichen Elemente im japanischen Garten (abgesehen von Moos und Gras, die im nächsten Abschnitt behandelt werden) fallen in zwei Kategorien: eigentliche *(niwaki)* und uneigentliche Gartenpflanzen (vermischte = *zoki*). Die Gruppe der Niwaki setzt sich fast ausnahmslos aus Bäumen und Sträuchern zusammen, und zwar solchen der Sekundärwälder (die Urwälder gibt es schon seit Jahrtausenden nicht mehr) aus der Umgebung von Kyoto, der Hochburg der japanischen Gartenentwicklung. Dazu zählen seit dem 8. Jahrhundert: Kiefer, Sicheltanne, japanische Zypresse *(hinoki* und *sawara)*, chinesische Schwarzkiefer, Goldblattpflanze, *Torreya nucifera, Pieris japonica*, Granatapfel, Krepp-Myrte (Indische Lagerströmie), *arakashi*-Eiche *(Quercus glauca)*, Stechpalme, Buchsbaum, *Ternstroemia gymnanthera*, Ahorn, Kamelie, Kirsche, japanische Magnolie, Azalee, *Enkianthus perulatus*. Die Pflaume ist ein Import aus China, die in der Nara-Zeit eingeführt wurde (646–794). Die Kirsche, ein einheimisches Gewächs, als Sitz göttlicher Geister geltend, wurde wegen ihrer schönen Blüte von den Bergen in die Stadt verpflanzt.

Steinlaternen am Kasuga-Schrein, Nara

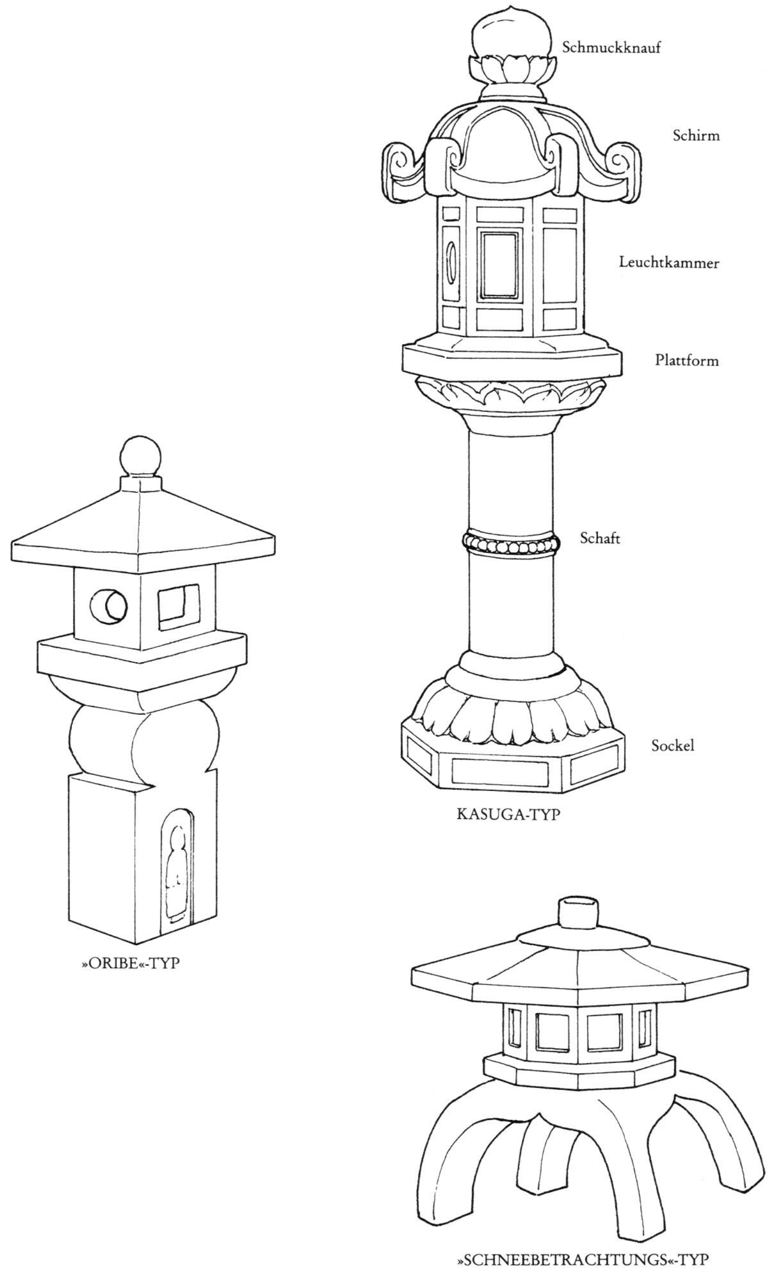

Steinlaternen

Heian-Höflinge beim Betrachten der Kirschblüte, Unrin-in, Kyoto. Aus einem Reisebuch der Edo-Zeit

Sumiyoshi-Kiefer, Villa Katsura, Kyoto

Alle nicht zu dieser Gruppe gehörigen Pflanzen fallen in die Kategorie der Zoki. Darunter die auf Ost- und Nord-Honshu wachsende Zelkowa; die Fichte; *Hamamelis japonica; Quercus acutissima;* die Eibe kalter Klimazonen; der tropische Sagobaum. Diese in traditionellen Kyotoer Gärten ursprünglich verschmähten Pflanzen haben heute dort Einzug gehalten, wenn auch noch mit Negativwertung *(zoki)* behaftet. Als Yamagata Arimoto 1896 in Kyoto seine Villa Murin-an baute, ließ er seinen Gärtner Ogawa Jihei dort Fichten pflanzen: das erste (nachgewiesene) Mal, daß man in einem Kyotoer Garten Fichten verwendete. Seither ist der Bann gebrochen, und gelegentlich mischt sich die Fichte unter die anderen Gartenbäume. Die im Shugakuin-Garten zahlreich vorhandenen Fichten zählen nicht zum Ursprungsbestand, sondern gehen auf Restaurationsarbeiten Ende des 19. Jahrhunderts zurück.

Einige Eigenschaften, die bei den verschiedenen Gartenpflanzen geschätzt werden und als wertvoll gelten:

1) Stamm. Form, Farbe und Glanz der Stengel, Stämme und Äste bestimmter, meist sommergrüner Laubpflanzen. *Torryeya nucifera, Sterculia platanifolia,* japanische Magnolie, Pflaume, Krepp-Myrte, alte Kiefern usw.
2) Blätter und Nadeln. Die glänzenden Blätter bzw. Nadeln einiger Pflanzen, hauptsächlich Immergrün-Gewächse und Nadelhölzer. *Ternstroemia gymnanthera,* wohlriechender Ölbaum, Krautpäonie.
3) Blüten. Besonders die Kirsche und die Azalee.
4) Beeren und Früchte. Chinesische Quitte, Heiderose, *Melia azedarach,* Nandine, Speerholz.
5) Herbstlaub. Ahorn und manchmal der Wachsbaum (wegen salziger Winde ist letzterer an der Küste oft weniger attraktiv als im Binnenland).

Japanische Gärten sind idealisierte Landschaften auf kleinem Raum; aber Bäume wachsen und müssen gartentechnisch behandelt werden, soll das intendierte Landschaftsbild erhalten bleiben. Dazu dient vor allem das Stutzen, am schwierigsten ist es bei den Kiefern. Es geschieht per Hand mit der Baumschere, läßt sich nicht mechanisieren und ist daher teuer. In Kyoto werden Kiefern von Hand ›gerupft‹

No-Bühne mit gemalter Kiefer

Ausschnitt aus »Ahornbetrachtung in Takao« von Kano Hideyori (um 1540)

(te-mushiri): Man zupft so viele Nadeln wie möglich aus, um die Zweige ›transparent‹ zu machen, die Landschaft durchscheinen zu lassen. In Tokio und Osaka geht das nicht, weil starke Winde und Seebrisen die ›gerupften‹ Bäume gänzlich ruinieren würden. Man beschneidet dort die Bäume *(hasami-sukashi),* ohne auf den durchscheinenden Effekt Wert zu legen.

In der Kiefer, dem beliebtesten japanischen Gartenbaum, wohnen nach alter Überzeugung göttliche Geister. Die Hintergrundkulisse der No-Bühne – traditionell mit einer Kiefer bemalt – erinnert an den Glauben, das No-Spiel selber werde zu Ehren der Göttlichkeit dieses Baumes aufgeführt. Auch der japanische Brauch, zur Jahreswende die Türen mit Kiefernzweigen zu schmücken, rührt von dem Glauben her, der Gott dieser festlichen Jahreszeit nehme in dem Baum Quartier. Abgesehen von diesen Assoziationen ist die Kiefer beliebt wegen ihrer Langlebigkeit und wegen der Problemlosigkeit, mit der sie umgepflanzt und zu interessanten Formen gezogen werden kann.

MOOSE UND GRÄSER

Bodenregionen, die nicht mit Bäumen oder von Kies- und Wasserflächen bedeckt sind, können eine Gras- oder Moosdecke tragen. In Kyoto ist das Klima derart günstig für Moose, daß sie, ohne daß man sie anpflanzen muß, oft weite Strecken eines Gartens überwuchern. Das ist in Tokyo nicht der Fall.

In Kyoto ist das Moos, das natürlich dort vorkommt und den größten Teil des Bodens überzieht, kurzwüchsig und grün; die Sorte *sugigoke (Polytrichum juniperninum)* muß extra angepflanzt werden, wird aber sehr geschätzt wegen ihrer samtweichen längerwüchsigen Beschaffenheit. Wuchernde Moosteppiche dieser Art haben dem Saiho-ji den Namen »Moostempel« gegeben.

Moos wächst gut unter Bäumen, an schattigen feuchten Stellen, auf wenig durchlässigen Böden. Die traditionelle Art, einen Boden für eine Moosanpflanzung vorzubereiten: Auf eine 6 mm starke Sandschicht kommt grobe Roterde, darauf eine Schicht Lehmboden von der Art, wie er im Raum Kyoto häufig ist. In den Lehmboden wird das Moos gepflanzt. Düngemittelzufuhr läßt grünes Moos rötlich und welk werden. In jüngerer Zeit hat auch verschmutztes Flußwasser (Agrarchemie-Rückstände, Abwässer) in einigen Gegenden Moosschäden bewirkt. Leitungswasser andererseits enthält meist Klärmittel, die die Farbe des Mooses beeinträchtigen. Moose bevorzugen natürliches Grundwasser; deshalb sind in einzelnen Fällen sogar schon Brunnen gebohrt worden, nur zur Bewässerung von Moosgärten. Durch Niedertreten wird Moos meist so irreparabel geschädigt, daß es sich nicht mehr erholt.

Im 17. Jahrhundert, als die Wandelgärten aufkamen, wurde auch Gras als Bodenbedecker beliebt. Im Gegensatz zu vielen westlichen Gräsern, die ganzjährig grün bleiben und geschnitten werden müssen, ist japanisches Gras normalerweise nur frühjahrs- und sommergrün und verfärbt sich in der Winterkälte bräunlich. Aufgrund seines schwachen Wachstums braucht man es nicht zu mähen. Die häufigste wildwachsende Art im Lande heißt *noshiba* (Feldgras); als festwurzelndes Gras – das im Herbst eine schöne Goldfarbe annimmt – wird es gern zur Befestigung von Teichufern und Böschungen verwendet. In letzter Zeit hat auch der sogenannte koreanische Rasen *(Korai-shiba)* Verbreitung gefunden. Er wurzelt nicht so gut und sieht auch nicht so schön aus wie *noshiba,* ist aber leichter zu ziehen und zu pflegen.

TEICHE UND BÄCHE

Die Form des Gartenteichs ist individuellem Geschmack unterworfen. Grundsätzlich verpönt sind jedoch geometrische Formen. Die Teiche werden vielmehr natürlichen Gewässer-

Gartenbach, Sengen-en, Kagoshima

»WASSER« (*mizu*)

»HERZ« (kokoro)

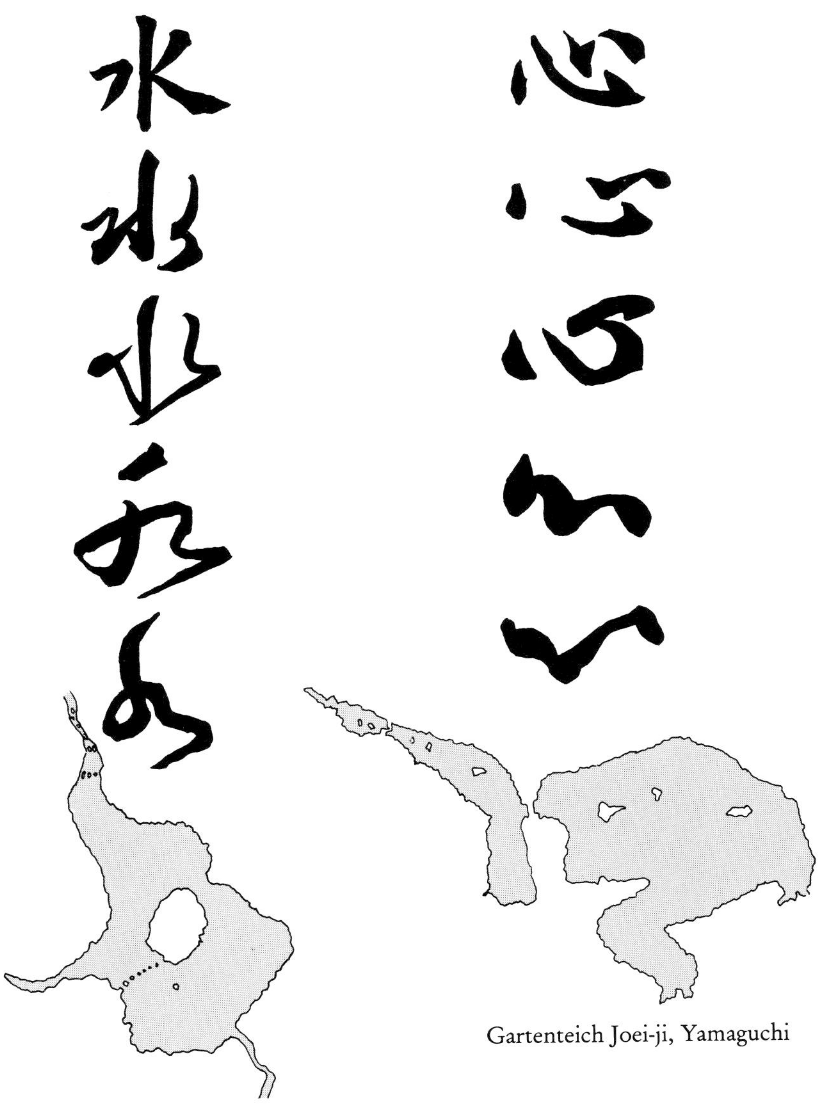

Gartenteich Joei-ji, Yamaguchi

Gartenteich Isui-en, Nara

Teichgrundrisse, die Schriftzeichen nachgebildet sind

und Uferformen, auch chinesischen Schriftzeichen nachgestaltet. Weil diese Ideogramme in ihrer geschriebenen Sprache eine so tragende Rolle spielen, sind Japaner es gewohnt, Worte eher als etwas Optisches denn als etwas Akustisches zu empfinden: Daher wohl kommt es, daß die kursive Variante bestimmter Schriftzeichen – besonders: ›Geist‹ oder ›Herz‹, ›Fluß‹ und ›Wasser‹ – als Formvorlage für Gartenteiche herangezogen wurde.

Nach und nach ging man dazu über, den Teichaushub für die Anschüttung eines künstlichen Hügels zu benutzen. Daraus entstand der Gartentyp *tsukiyama sensui:* ein Hügel und ein Teich, gespeist von einer Quelle oder irgendeiner anderen Wasserzuleitung. Der Gärtner muß sich darum bemühen, den Teich so zu gestalten, daß er im gefüllten Zustand möglichst groß aussieht. Sickerverluste sind durch technische Maßnahmen zu unterbinden; bei Speisung durch eine Quelle kann ein geringes Maß an Sickerverlust hingenommen werden. Der Wasserdurchfluß des Teiches muß so groß sein, daß das Wasser frisch und klar bleibt.

Die Uferlinie kann durch Buchten und Hügel gegliedert und aufgelockert, in den Teich können Steine gesetzt werden. Das Ufer selbst besteht meist aus Steingruppen, aber auch Sand- und Kiesstrände, sanft ins Wasser abfallend, kommen vor. In Abständen können Wasser- und Sumpfpflanzen am Ufer stehen. Auch hier stehen wieder natürliche Landschaften bei der Gestaltung Pate.

Gleiches gilt von künstlichen Gartenbächen, die meist Naturbächen nachmodelliert sind, die durch Wälder und Haine fließen. Des Einflusses wegen, den er auf den ganzen Garten ausübt, soll der Bach allerhöchstens zwei Meter breit sein, außerdem soll er seicht sein und sein Wasser murmelnd über die Bachsteine plätschern. Materialien für das Bachufer: Steine, unregelmäßig gesetzte Pfähle, in gleicher Höhe gesetzte Pfähle, Kies, nackte Erde, regelmäßige Anordnungen rundlicher oder platter Steine, und anderes mehr. Einige dieser Stile sind bereits ausgestorben; andere sind selten geworden, aber weiterhin in Gebrauch.

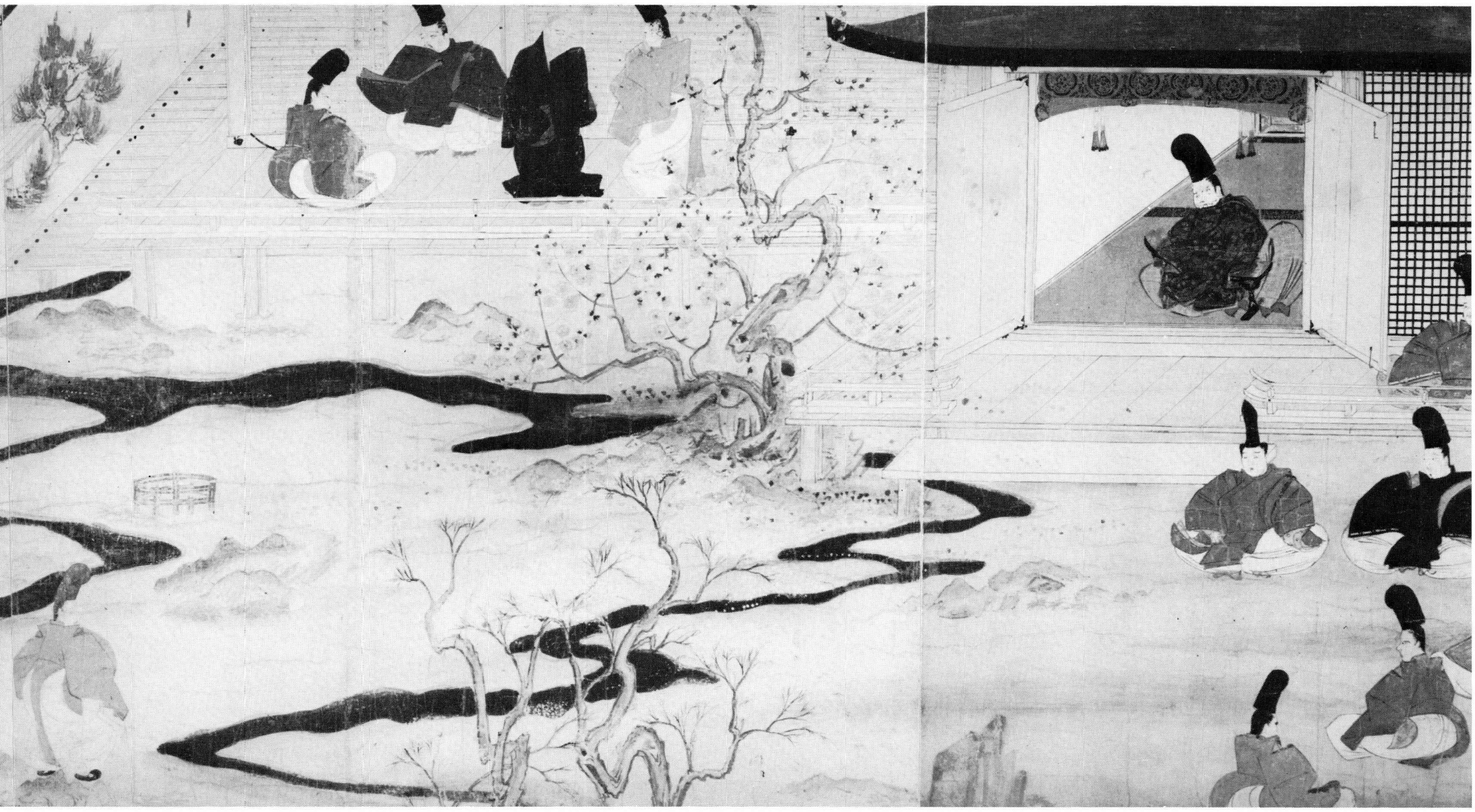

Heian-Höflinge und Garten mit Pflaumenbaum und Bach. Rollbild aus der Kamakura-Zeit

Die Versorgung des Gartens mit reinem, frischem Wasser ist leider heute in Japan schwierig geworden. Die Wasserentnahme durch Industrie und Privatverbraucher hat den Grundwasserspiegel derart sinken lassen, daß zusätzliche Brunnen zur Gartenbewässerung verboten sind. Dort, wo die Flüsse verschmutzt sind, muß man sich allgemein mit Leitungswasser behelfen und Springbrunnen und Wasserfälle mit Elektropumpen betreiben.

ZÄUNE UND HECKEN

Angenommen, ich gehe jemanden besuchen und spreche mit ihm, ohne daß die Haustür aufgemacht wird, ohne daß ich ihn zu sehen bekomme. Habe ich ihn besucht? Nach herkömmlicher, rein japanischer Auffassung: Ja, denn ich habe mit ihm gesprochen, auch wenn ich sein Gesicht nicht gesehen habe. Prinz Genji, der gutaussehende Titelheld des berühmten Romans aus der Heian-Zeit, wollte die Dame Hitachi kennenlernen. Sie war darob hochentzückt, zögerte aber, weil sie kein Zutrauen zu ihrer Schönheit hatte. Ihre Kammerfrau schlug eine Begegnung vor, bei der eine papierbespannte Schiebewand *(fusuma)* zwischen beiden stehen sollte. Kein Japaner der damaligen Zeit hätte daran gezweifelt: Auch so kann man sich kennenlernen.

Seit je haben Japaner bei ihren Wohnbauten eine Abneigung gegen Trennwände im radikalen Sinn. Die Raumteiler und Abgrenzungen im japanischen Haus – Holzschiebetüren, *fusuma* und die noch leichteren Shoji-Papierwände – trennen nur optisch, nicht akustisch. Man liebt leichte, lediglich optische Abschirmungen der Räume, die ansonsten zueinander offen bleiben.

Ähnlich ist Funktion und Anlage des japanischen Gartenzauns. Er grenzt den Garten aus der Umgebung aus, hat aber in seiner einfachsten Form – geflochtener Bambus – mehr Löcher als feste Teile, behindert weder den Blick noch das Ohr und ist meist niedrig genug, daß ein Erwachsener darüberspringen kann.

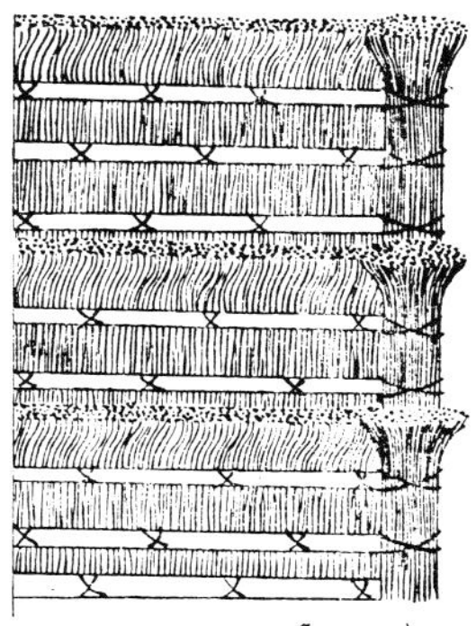

»SCHICHT«-ZAUN *(kasane)*

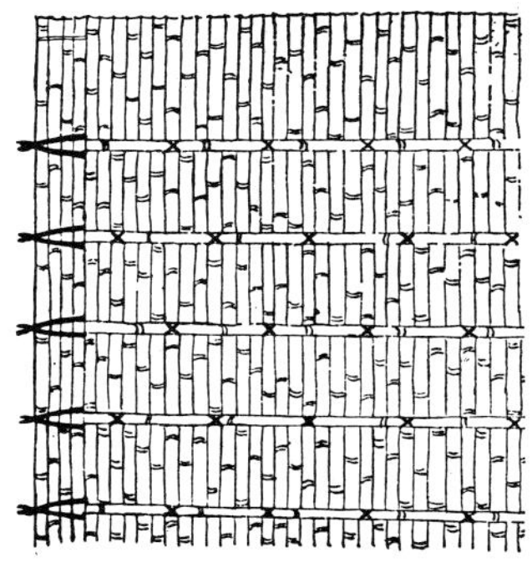

KENNIN-JI-ZAUN

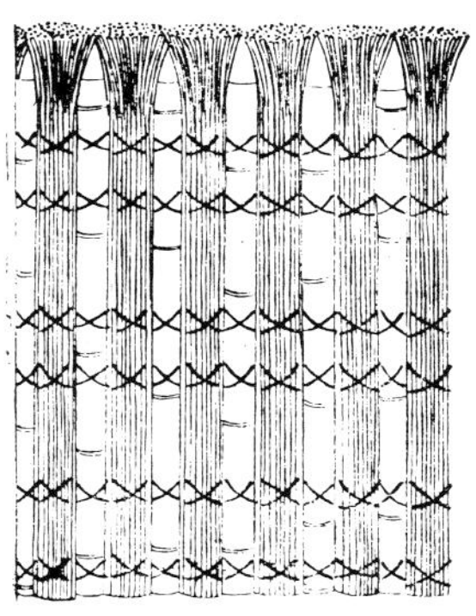

»TEERUTEN«-ZAUN *(tachai)*

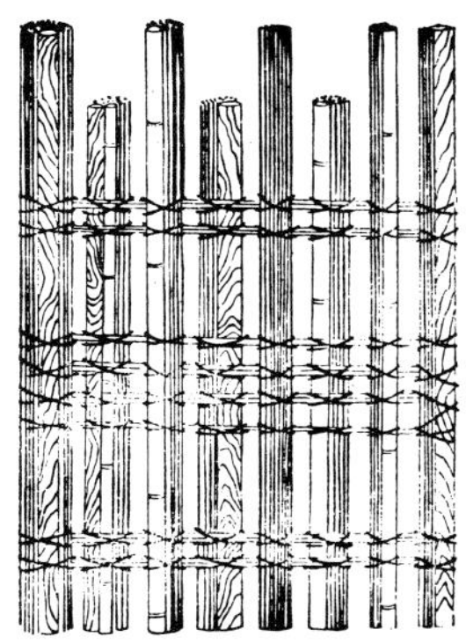

»KANONEN«-ZAUN *(teppo)*

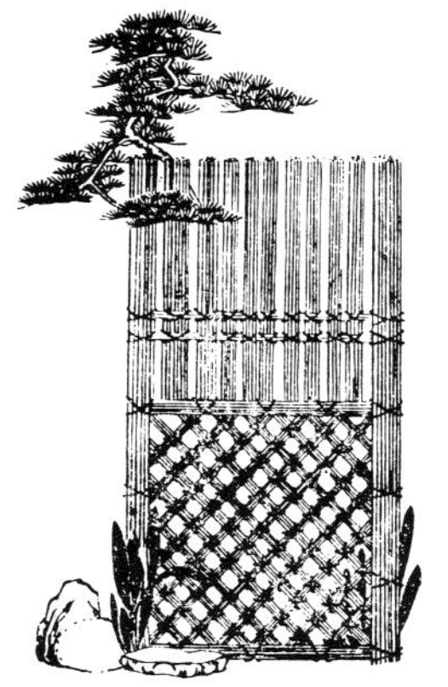

KOMBINIERTER RUTENBÜNDEL- UND SCHERENZAUN *(chasen-hishi)*

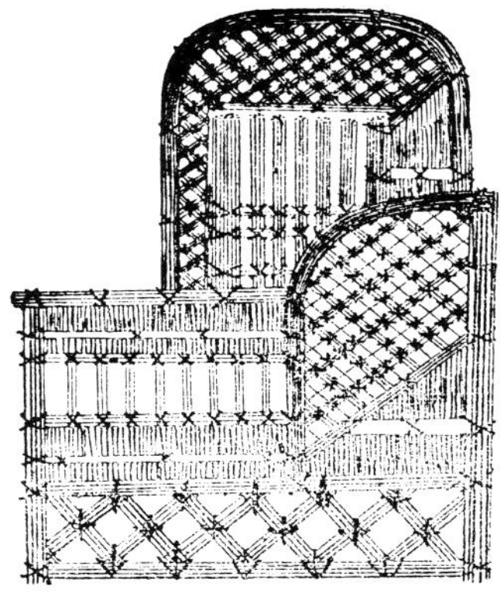

»ACHTSTUFIGER« ZAUN *(yae)*

Gartenzäune

Aus »Genji Monogatari«: Besuch bei einer Dame. Rollbild aus der späten Heian-Zeit

Manchmal kommen im japanischen Garten hohe Hecken vor. Wenn sie aus dichtbelaubten Sträuchern bestehen, bilden sie eine Sichtblende. Auch hohe Bretterzäune blockieren die Sicht, doch auch in solchen Fällen wird versucht, eine Verbindung zwischen beiden Zonen zu schaffen. Etwa: indem man eine große, stattliche Kiefer an den Zaun pflanzt. Wer vorbeigeht und den Baum sieht, assoziiert gleich den schönen Garten dahinter, vielleicht sogar das Leben der Familie, die dort wohnt.

Kurz, japanische Gartenzäune und -hecken sind, wie die Wände im traditionellen Hausbau, niemals ›Mauern‹. Entweder haben sie optische und akustische Durchlässigkeit, oder sie rufen im Betrachter indirekt das Bild des Dahinterliegenden wach.

In der Heian-Zeit zum Beispiel liebten es Aristokraten, Pflaumenbäume – damals ein exotischer Import aus China – durch Jalousien aus hauchdünnen Bambusstäben *(sudare)* zu betrachten, die rundum in den Hausöffnungen hingen. Der Baum war dadurch nur silhouettenhaft sichtbar, und die Phantasie des Betrachters konnte ihn vervollständigen zu einem neuen, weitaus schöneren, überirdischen Baum.

Zäune und Hecken, nicht als physisches Hindernis gedacht, brauchen nicht stark und dauerhaft gebaut zu werden. Meist bestehen sie aus relativ dünnen Ruten, Bambusstäben, Gräsern. Symbolische Zeichen beschränken im japanischen Garten die Bewegungsfreiheit des Menschen stärker als mancher Zaun. Zum Beispiel der ›Grenzstein‹ *(sekimori-ishi)* im Teegarten: ein 10–15 cm großer Stein, kreuzweise mit schwarzem Hanfseil umwickelt, der dem Besucher anzeigt, welche Richtung er an Wegverzweigungen *nicht* einschlagen soll. Wer seine Bedeutung nicht kennt, kann – wörtlich – über ihn hinweggehen; aber die Eingeweihten folgen seinem diskreten Verbot stets.

›GEBORGTE LANDSCHAFT‹

Das alte Japan hatte viele landschaftliche Sehenswürdigkeiten. Zunächst machten die japanischen Gartenschöpfer jedoch keine Anstalten, sie als Hintergrund in die Gartenkomposition einzubeziehen. Die Aristokraten der Asuka- und Nara-Zeit (552–794) waren nicht blind für die landschaftliche Schönheit ihrer näheren Umgebung, viel höher schätzten sie aber gewisse berühmte Landschaften, die weit weg von der Nara-Ebene lagen: die Insel Tamatsu vor der Halbinsel Kii (heute Präfektur Wakayama), den Sumiyoshi-Strand, die Seto-Inlandsee, den Berg Tateyama in Etchu (Präfektur Toyama), den Fuji in Surunga (Präfektur Shizuoka), die Matsushima-Bucht in Mutsu (Präfektur Miyagi) und andere.

Etwa im 10. Jahrhundert – die Hauptstadt war inzwischen ins heutige Kyoto verlegt – bekamen die Gartengestalter ein Auge für schöne Landschaftskulissen, die sie in ihre Gärten einkomponieren konnten. Eine Anekdote im Werk *Ima kagami* (1170) über den Exkaiser Goshirakawa und Tachibana no Toshitsuna, den Autor des *Sakutei-ki*, zeigt, welche Bedeutung der Landschaftshintergrund für den Garten damals schon hatte. Goshirakawa hatte den Toba-Palast erworben, dessen Restaurierung wir bereits erwähnten. Überzeugt von der Unübertrefflichkeit seines Palastes, bat Goshirakawa, Toshitsuna möge ihm die hervorragendsten Gärten nennen, die er kenne. Toshitsuna setzte den Toba-Palast aber nur an die dritte Stelle und führte als Grund die mangelnde Schönheit der landschaftlichen Umgebung an.

Berge, Flüsse, Felder, das Meer, strohgedeckte Dorfhäuser, Bauern bei der Arbeit auf dem Reisfeld – Anblicke, die der Städter im Zuge der Urbanisierung mehr und mehr entbehren mußte – galten als ›reizvoller‹ Gartenhintergrund. Die Einstellung der Adligen wirft ein Licht darauf, warum später die Kriegerkaste die Macht übernahm. Der Hofadel betrachtete Dorfhäuser und schwerarbeitende, steuerzahlende Bauern als pures Dekor, als Gartenkulisse, nicht als Menschen, denen

›Geborgte Landschaft‹, Hojo-Garten des Daitoku-ji, Kyoto. Aus einem Reisebuch der Edo-Zeit

Garten Joju-in. Kiyomizu-dera, Kyoto

man Gerechtigkeit entgegenbringen mußte. Mit anderen Worten, der Adel war ästhetisch, nicht aber politisch sensibel: eine Haltung, die später zu seiner Entmachtung beitrug.

Im 13. Jahrhundert lenkte dann bereits die Kriegerkaste das Staatsschiff. Das politische Machtzentrum war nach Kamakura an der Ostküste verlegt, unweit des heutigen Tokyo. Der Kaiser, freilich, behielt seine symbolische Stellung, und nach wie vor war der Hof der Quell, aus dem die Ehren und Titel flossen, welche die mächtige Kriegerkaste begehrte. Die Verstädterung Kyotos hatte einen Grad erreicht, daß die Hofadligen ihre Villen in die Vororte verlegen mußten, wollten sie in den Genuß landschaftlich reizvoller Gartenhintergründe kommen. Im Herbst 1279 zum Beispiel – so geht aus historischen Quellen hervor – besuchten die ehemaligen Kaiser Gofukakusa und Kameyama den sogenannten Fushimi-Palast am Stadtrand. Der Garten dieser Villa, wenngleich damals schon vollständig umgestaltet, stammte ursprünglich von Tachibana no Toshunita und war berühmt wegen seiner Schönheit. Chrysanthemen blühten, und der Ahorn prangte in voller Herbstpracht. Die beiden Kaiser erfreuten sich am Anblick des Flusses Uji, der sich wie ein funkelnd weißes Band von den Bergen durch die ferne Ebene wand. Am Abend des 15. Dezember im folgenden Jahr wurde im Fushimi-Palast ein buddhistischer Gedenkgottesdienst gehalten; die Teilnehmer konnten die Harmonie von Garten und Umgebung auf sich wirken lassen. Mondschein spiegelte sich im Teich, den trockenes Pampasgras säumte; Wasserrauschen klang von den Bergfelsen; wie schwarze Schemen standen die Kiefern vor den Dachvorsprüngen des Hauses. In der ganzen Kamakura-Zeit (1185–1333) wurde Natur-Szenerie bewußt in den Garten einkomponiert, als Gartenelement, das keiner menschlichen Pflege bedurfte.

Bereits zur Sprache kam, daß nach Beendigung der Rivalität zwischen Nord- und Süddynastie der Shogun Ashikaga Takauji den Tempel Tenryu-ji errichtete und Muso Soseki beauftragte, dort einen Garten zu schaffen, um die Seele seines entthronten Gegners, des Kaisers Godaigo vom Süd-Hof, zu versöhnen. Spuren dieses Gartens existieren noch: Er war eine Komposition aus Teich, Steingruppen und niedrigen Hügeln, die sich viele landschaftliche Elemente ›borgte‹: den gleich daneben fließenden Oi-Fluß, die hölzerne Tugetsu-Brücke über den Fluß, den fernen Berg Arashiyama. Zur Erinnerung an die Kirschbäume am Berg Yoshino, wo die Süd-Dynastie Zuflucht gesucht hatte, und an die Ahornbäume von Tatsuta, ebenfalls im Herrschaftsgebiet des Süd-Hofes, ließ Muso Soseki den Arashiyama mit diesen beiden Baumarten bepflanzen. Yoshino und Tatsuta genießen in der japanischen Dichtung seit alters Ruhm: und man sagt, daß Muso selbst im Garten des Tenryu-ji, wo er damals lebte, Gedichte geschrieben habe, den schneebdeckten Arashiyama vor Augen.

Ende des 16., Anfang des 17. Jahrhunderts, mit der Errichtung des Tokugawa-Shogunats, hörten die Kriege auf, die Japan so lange verheert hatten, und eine 300jährige Friedenszeit begann. Der Tokugawa-Staat unterwarf die Feudalherren einer strengen Kontrolle. Sie mußten sich in Edo aufwendige Residenzen bauen und dort jeweils festgesetzte Zeiten im Jahr verbringen, also hin- und herpendeln zwischen der Hauptstadt und ihren Lehnsgütern draußen im Land. Natürlich hatten alle diese Residenzen auch Gärten, und hier, zur Gestaltung dieser Gärten in Edo, entwickelte sich das Einkomponieren umliegender Landschaftsteile zu einer festen Technik, die heute *shakkei* heißt, ›geborgte Landschaft‹. Geborgt wurden unter anderem: der Berg Fuji, die Edo-Bucht im Süden der Stadt, der Sumida-Fluß im Osten. Die damaligen Gartenschöpfer benutzten das Wort *shakkei* noch nicht, sondern nannten die Technik *ikedori,* das heißt ›lebendig einfangen‹, wie das Einfangen von Tieren. Dabei wurden unter anderem folgende vier Mittel benutzt:

1) Steinlaternen. An der Joju-in-Abtresidenz beim Tempel Kiyomizu-dera (Kyoto) speist ein Bach im Vordergarten

›Geborgte Landschaft‹, Furumine-Schrein, Ibaragi

einen kleinen Teich. In der Ferne sieht man das Yuya-Tal und eine Hügelkette, an sich ziemlich reizlos als Hintergrundkulisse. Mutmaßlich im frühen 17. Jahrhundert hat jedoch ein Priester in die Mitte der Hügelkette eine große Steinlaterne gesetzt, die mit einer kleinen Steinlaterne am Gartenteich ein Paar bildet und so die Illusion schafft, die Hügel gehörten zur Gartenkomposition: Verklammerung durch ein architektonisches Element.

2) Baumstämme. Anfang des 17. Jahrhunderts gehörte der Tempel Entsu-ji (Nord-Kyoto) zu einer Villenanlage des Kaisers Gomizuno-o. Der Garten ist ein klassisches Beispiel für geborgte Landschaft durch drei hintereinandergestaffelte Szenen: in der Ferne der Berg Hiei; im Vordergrund der kleine Garten mit vierzig Steinen, Moos und sparsamer Bepflanzung vor der Haupthalle des Entsu-ji; im Mittelgrund, draußen hinter der Gartenhecke, ein paar gepflanzte Zedern und Cryptomeria-Zypressen. Die Bäume im Mittelgrund sind augenfällig das verbindende Element zwischen dem Garten und der ›geborgten‹ Ansicht des Berges.

3) Hauspfosten und Dachvorsprünge. Im Jiko-in, einem kleinen Tempel auf einem Berg (Yamato Koizumi, Nara), ist die Haupthalle im Stil eines Bauernhauses errichtet und sieht überhaupt nicht buddhistisch aus. Wenn man den Zugangsweg emporsteigt, sieht man zunächst nichts als Bäume. Dann, oben auf dem Hügel, geht man durch ein zweistöckiges Tor in das Hauptgebäude, und aus dessen Inneren heraus öffnet sich durch zwei Panoramaöffnungen plötzlich ein weiter Blick über Felder, Dörfer und Wälder der Yamato-Ebene, den Himmel und die fernen Berge. Im Vordergrund: der Garten vor der Haupthalle, eine weiße Kiesfläche mit Trittsteinsetzungen und Azaleenpflanzungen, die im Mai blühen. Die Linien der Hauspfosten und Verandas auf den beiden offenen Seiten rahmen das Bild und integrieren es in den Garten.

4) Der Himmel. In der traditionellen fernöstlichen Malerei kommt den ›leeren‹ Stellen große Bedeutung zu: wie sie sich mit den bemalten Flächen des Bildes zu einem geschlossenen Ganzen verbinden. Im Kami-no-chaya, dem oberen der drei Gärten der Shugakuin-Villa (Nordost-Kyoto), findet man ein klassisches Beispiel für die gartenkünstlerische Verwendung des leeren Raums. Der leere Raum ist hier der Himmel. Er schlägt – ob ganz klar oder durch Wolken akzentuiert – hier die Brücke zwischen den fernen Bergen, dem Teich und den anderen Elementen des Gartens.

Überall in Japan blüht die Gartenkunst, Hochburg ist aber zweifellos die alte Hauptstadt Kyoto. Am Schluß des Buches stellt der Autor eine persönliche Auswahl vor – Gärten alter und neuer Provenienz, Zeugnis des Geschmacks von Kriegern, Priestern, Aristokraten, Tee-Ästheten, Landbesitzern – mit Beschreibung der Gärten, kulturgeschichtlichen Anmerkungen und Hinweisen zum Besuch.

50 GÄRTEN: EINE AUSWAHL

Daisen-in. Einer der berühmtesten Gartensteine Japans: Geformt wie ein Schiff, schwimmt er seit dem 16. Jahrhundert auf diesem Trockenlandschafts-›Fluß‹ als Symbol der Vergänglichkeit menschlichen Lebens. Der Ostgarten des Daisen-in ist eines der besten Beispiele für die Umsetzung chinesischer Malerei in gärtnerische Mikrokosmen, die als Objekte der Allegorie und der Zen-Kontemplation dienten. (Kyoto)

Ryoan-ji. Viel abstrakter als der etwa gleichzeitig entstandene Daisen-in, spricht er durch seine Schlichtheit und Strenge gerade den modernen Menschen stark an. Bis in die dreißiger Jahre wurde dieser Garten kaum beachtet; heute leidet er unter großem Touristenandrang und wird überinterpretiert. Den ›Sinn‹ des Gartens kennt niemand. Es sollte genügen, seinen herrlichen Rhythmus und seine Ausgewogenheit zu bewundern. (Kyoto)

Shoden-ji. Große beschnittene Azaleenbüsche, im Stil von Steinsetzungen im 3-5-7-Schema auf einer rechteckigen Kiesfläche angeordnet. Besonders geschätzt an diesem Garten: die wohltuende Ruhe der Komposition und der harmonische Zusammenklang mit der umliegenden Vegetation und dem fernen Berg Hiei. Gut sichtbar die ästhetische Funktion der japanischen Gartenmauer als Mittler zwischen drinnen und draußen. (Kyoto)

Konchi-in. Der Garten, 1627 entstanden, stammt vom Künstler und Gartengestalter Kobori Enshu. Anstelle der Gartenmauer verwendet Kobori eine bepflanzte Böschung. Auf der großen Steinplatte kann man stehen, um den Toshugu zu bewundern, einen dem ersten Tokugawa-Shogun Ieyasu gewidmeten Schrein. Sie hat aber auch ästhetische Funktion und verbindet die linke und die rechte Hälfte des Gartens. (Kyoto)

Villa Katsura. Katsura ist in jeder Hinsicht eine Augenweide: von den Details der Steinsetzungen, den Steinlaternen, dem feinen Dekor bis hin zur vollendeten Verschmelzung von Bauten und Landschaft. Ein Ringweg aus Trittsteinen – ein verlängerter Teegarten-Roji – führt den Besucher um den Teich, rustikale Pavillons setzen architektonisch erlesene, abwechslungsreiche Akzente. Katsura war der Landsitz eines Aristokraten. Tenor: gelassene Eleganz. (Kyoto)

Villa Shugakuin, Oberer Garten. Der spektakuläre Blick vom Pavillon Rin'un-tei nach Westen: Der weite Himmel verklammert den künstlichen »Teich des badenden Drachens« mit der fernen Bergkette. Solch großdimensionierte Gestaltung ist eigentlich untypisch für die japanische Gartenkunst, paßt aber zur schillernden Natur des Besitzers der Villa, des Exkaisers Gomizuno-o (1595–1680), der oft zum Bootfahren und anderen ländlichen Vergnügungen hierher kam. (Kyoto)

Rokuon-ji (Kinkaku-ji). Shogun Ashikaga Yoshimitsu (1358–1408) baute sich eine Villa westlich der Hauptstadt auf Land, das einmal ein Teich- und Tempelgarten der mächtigen Familie Saionji gewesen war. Den Teich behielt er bei, und am Teichrand errichtete er den Goldenen Pavillon, den er zur Bewirtung von Gästen, zur Kontemplation und natürlich zum Betrachten der umliegenden Landschaft nutzte. Die Hauptinsel des Teichs ist mit Kiefern bepflanzt und von Steinkompositionen umgeben, die man beim Bootfahren auf sich einwirken lassen kann. (Kyoto)

Tenryu-ji. Von dieser berühmten Steinsetzung sagt man oft, sie beeindrucke, gleich von welcher Seite man sie betrachte. Der Teich dient sowohl zur Spiegelung als auch als horizontale Kontrastebene, welche die Wirkung der Skulptur erhöht. Die Steine symbolisieren die mythische Insel Horai, gleichzeitig stellen sie eine Parallele zu den umliegenden Bergen dar und lenken den Blick auf sie. Multifunktionalismus, der Sinntiefe und kompositorische Geschlossenheit schafft. (Kyoto)

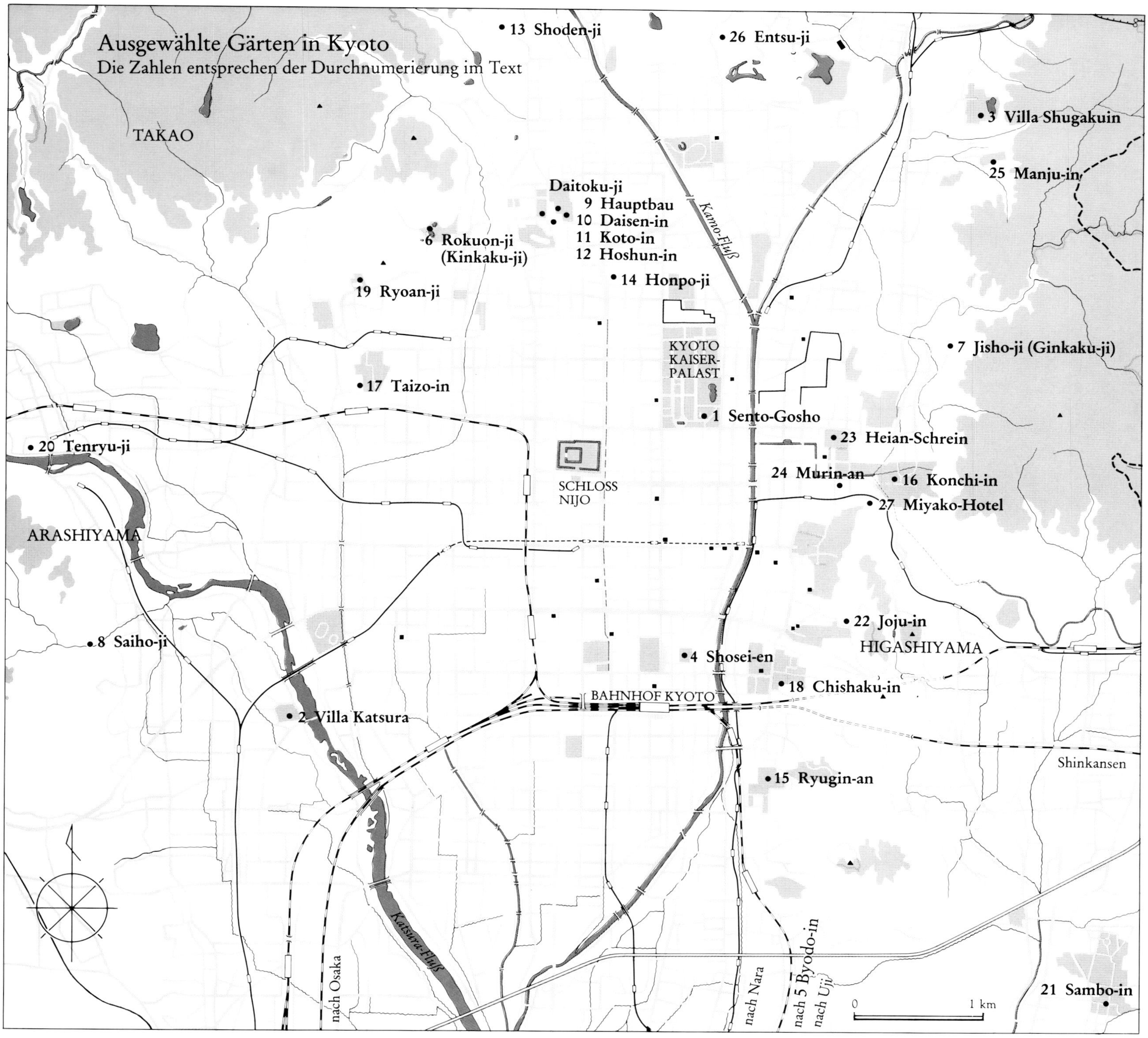
Ausgewählte Gärten in Kyoto
Die Zahlen entsprechen der Durchnumerierung im Text
TAKAO
13 Shoden-ji
26 Entsu-ji
3 Villa Shugakuin
25 Manju-in
Daitoku-ji
9 Hauptbau
10 Daisen-in
11 Koto-in
12 Hoshun-in
6 Rokuon-ji
(Kinkaku-ji)
14 Honpo-ji
19 Ryoan-ji
Kamo-Fluß
KYOTO
KAISER-
PALAST
7 Jisho-ji (Ginkaku-ji)
17 Taizo-in
1 Sento-Gosho
23 Heian-Schrein
20 Tenryu-ji
SCHLOSS
NIJO
24 Murin-an
16 Konchi-in
27 Miyako-Hotel
ARASHIYAMA
22 Joju-in
HIGASHIYAMA
8 Saiho-ji
4 Shosei-en
18 Chishaku-in
BAHNHOF KYOTO
2 Villa Katsura
Shinkansen
15 Ryugin-an
Katsura-Fluß
nach Osaka
nach Nara
nach 5 Byodo-in
nach Uji
0
1 km
21 Sambo-in

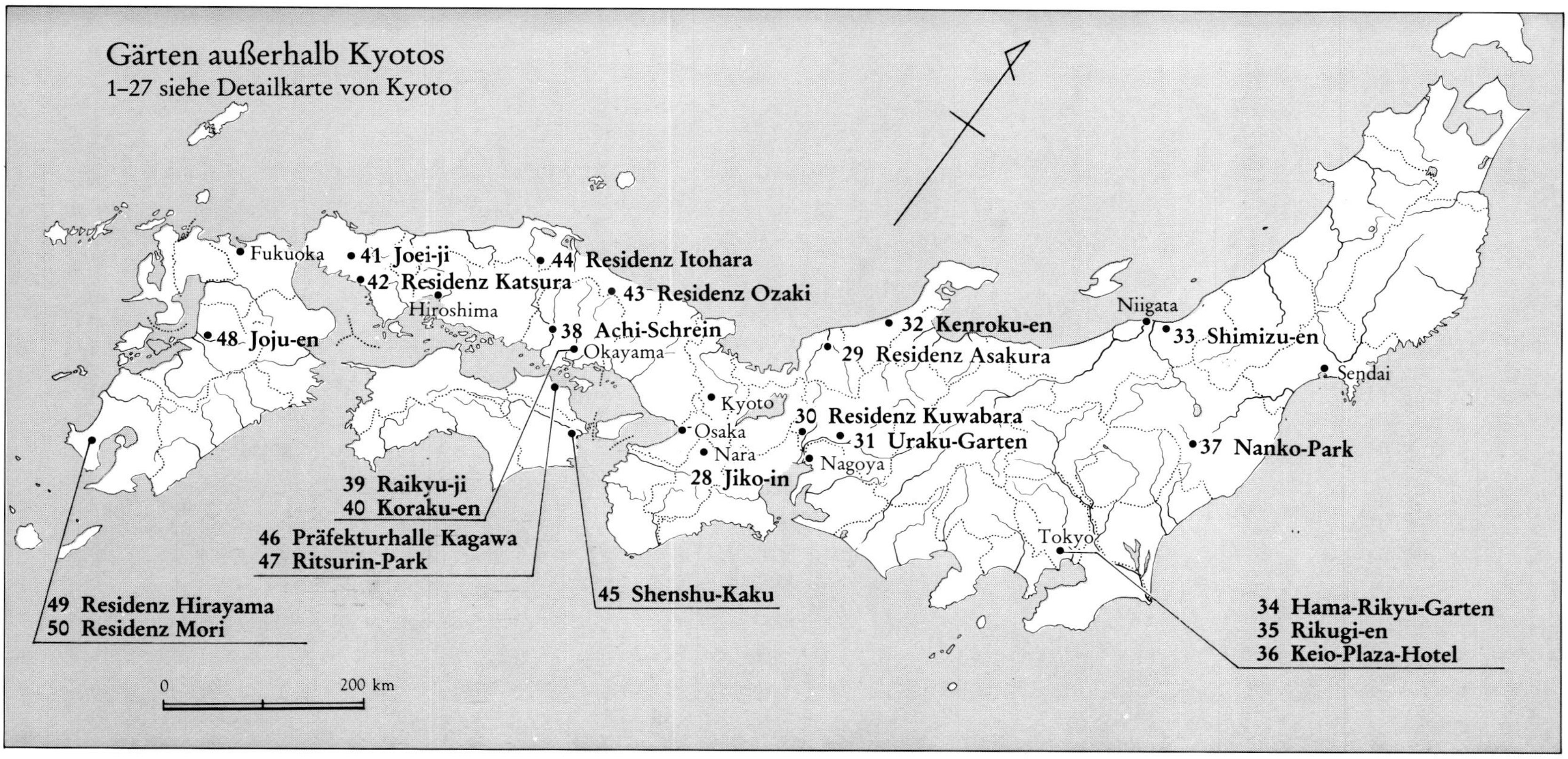
Gärten außerhalb Kyotos
1–27 siehe Detailkarte von Kyoto
Fukuoka
41 Joei-ji
42 Residenz Katsura
44 Residenz Itohara
43 Residenz Ozaki
Hiroshima
48 Joju-en
38 Achi-Schrein
Okayama
32 Kenroku-en
29 Residenz Asakura
Niigata
33 Shimizu-en
Sendai
Kyoto
Osaka
Nara
30 Residenz Kuwabara
31 Uraku-Garten
Nagoya
28 Jiko-in
37 Nanko-Park
39 Raikyu-ji
40 Koraku-en
46 Präfekturhalle Kagawa
47 Ritsurin-Park
Tokyo
49 Residenz Hirayama
50 Residenz Mori
45 Shenshu-Kaku
34 Hama-Rikyu-Garten
35 Rikugi-en
36 Keio-Plaza-Hotel
0
200 km

ZU DIESEM TEIL:

Nachstehende Beschreibungen sind für Leser gedacht, die nach Japan reisen und einen Teil ihrer Zeit darauf verwenden wollen, Gärten zu besichtigen. Allgemeine Anmerkung: Wir haben uns bei den Angaben im Text um Genauigkeit und Aktualität bemüht, trotzdem kann es sein, daß Eintrittspreise sich ändern, daß Gärten wegen Feiertagen, Sonderveranstaltungen, Bauarbeiten geschlossen bleiben. Fotografieren ist allgemein gestattet, in vielen Gärten darf man jedoch keine Stativaufnahmen und keine Innenaufnahmen machen. Gärten, die dem Kaiserlichen Hofamt (Imperial Household Agency) unterstehen, werden nur in geschlossenen Führungen zu festen Zeiten begangen; zu spät Kommende werden nicht mehr eingelassen. Die meisten anderen Gärten sind ohne zeitliche Restriktionen zu besichtigen. Bei Tempeln darf man normalerweise nicht in den Gartenbezirk; die großen Wandelgärten sind dagegen mehr wie öffentliche Parks. Picknicken und Rauchen sind selbstverständlich Beschränkungen unterworfen. Name und Adresse der Gärten sind auf japanisch und deutsch angegeben. Nichtöffentliche Gärten können manchmal mit Sondererlaubnis des Eigentümers besichtigt werden; es rät sich, entsprechende Anfragen längere Zeit vor Reiseantritt schriftlich zu stellen. Weitere Auskünfte über die Gärten erteilen die einzelnen Gartenbüros. Deutsch und Englisch wird dort jedoch nur selten gesprochen, so daß es ratsam ist, einen Begleiter zu finden, der japanisch dolmetscht.

Angeführt sind: Daten zum Garten, Kurzbeschreibung, allgemeine Bemerkungen. Die Seitenzahlen beziehen sich auf Bildtexte im Hauptteil des Buches. Als Entstehungsdatum ist die Zeit der ersten größeren Arbeiten am betreffenden Garten angegeben. In anderen Quellen kann die Datierung daher manchmal anders lauten. Außerdem verändern sich Gärten mit der Zeit, und ihr heutiges Erscheinungsbild weicht oft beträchtlich vom ursprünglich intendierten ab. Besonders der Touristenansturm der heutigen Zeit hat in manchen Gärten dazu geführt, daß Schutzmaßnahmen ergriffen werden (Absperrgeländer, asphaltierte Wege) und sich Kommerzialisierungserscheinungen einschleichen (Verkaufsstände, aufdringliche Lautsprecheranlagen). Eine letzte Bemerkung: Es handelt sich hier um eine private Auswahl, die kein erschöpfender Reiseführer zu allen wichtigen Gärten Japans sein soll. Besonders in Kyoto findet man neben den hier erwähnten noch viele weitere sehenswerte Anlagen. Man informiere sich dazu in der Reiseliteratur, auf Landkarten, Stadtplänen usw.

1. SENTO-GOSHO
仙洞御所

3 Kyōto Gyoen, Kamigyō-ku, Kyoto 602–0881
〒602–0881 京都市上京区京都御苑3
☎ 075–211–1211

Wandelgarten
Frühe Edo-Zeit

GEÖFFNET: Führungen zu festgesetzten Zeiten montags–samstags. Geschlossen Samstag nachmittags, sonntags, an Nationalfeiertagen und vor und nach Neujahr (25. Dezember–5. Januar). Besuch vorher anmelden bei der Imperial Household Agency, Kaiserpalast Kyoto (Rufnummer wie oben angegeben).
EINTRITT: frei
FOTOGRAFIEREN: erlaubt

Um einen Nord- und einen Südteich führt ein Weg, der dem Besucher immer wieder neue Aussichten eröffnet und sich durch sanftgeneigte Wiesen schlängelt, an einem Wasserfall vorbei, über eine Brücke, unter einer Wistarie hindurch. Vielbewundert: die weitgeschwungene Uferpartie des Südteiches aus rundlichen Steinen. Siehe S. 40.

Verärgert über die Politik des Tokugawa-Shogunats, dankte Kaiser Gomizuno-o im Jahre 1629 ab. Diese Residenz mit ihren Gärten, 1633 unter der Bauleitung von Kobori Enshu entstanden, soll Teil einer Baukampagne zur Besänftigung des Exkaisers gewesen sein. Über die Jahre hat sich der Garten so stark verändert, daß von Kobori Enshus Original praktisch nichts mehr übrig ist. Dennoch hat sich die Harmonie der Komposition auf eine Weise erhalten, die für japanische Gärten typisch ist: Sie leben, weil sie sich verändern.

2. VILLA KATSURA
桂離宮

1–1 Katsura Misono, Nishikyō-ku, Kyoto 615–8014
〒615–8014 京都市西京区桂御園1–1
☎ 075–381–2029

Wandelgarten
Frühe Edo-Zeit

GEÖFFNET: Führungen zu festgesetzten Zeiten montags–samstags. Geschlossen Samstag nachmittags, sonntags, an Nationalfeiertagen und vor und nach Neujahr (25. Dezember–5. Januar). Besuch vorher anmelden bei der Imperial Household Agency, Kaiserpalast Kyoto (Tel. 075-211-1211).
EINTRITT: frei
FOTOGRAFIEREN: erlaubt

Ein kompletter Wandelgarten, der Formen und Methoden des Teich-, Trockenlandschafts- und Teegartens in sich vereint. Die Hauptbauten (Alte Shoin-Villa, Mittlere Shoin-Villa, Neuer Palast) sind integriert mit um den Zentralteich angeordneten Pavillons. Besonders berühmt ist Katsura für seine vielgestaltigen Steinpavimente. Alle Bauten sind original. Der Shoin-Bereich ist gerade restauriert worden. Siehe S. 4, 73, 89, 184, 192.

»Kaiserliche Villa« oder »Palast« heißt der Katsura erst seit einem Jahrhundert. Gebaut worden ist er als Landsitz für die Prinzen der Hachijo-Linie, die später Katsura-Prinzen hießen. Er birgt die ältesten erhaltenen Wandelgärten Japans. Gut kenntlich sind noch die Intentionen seiner Erbauer, des ersten Hachijo-Prinzen Toshihito und seines Sohnes Toshitada. Der Garten ist nicht nur ›zweckfrei‹ schön, sondern in Teilen direkt von klassischen literarischen Werken wie dem »Genji Monogatari« inspiriert und daher – wie immer bei Adelsgärten – nur von entsprechend Vorgebildeten voll zu verstehen.

3. VILLA SHUGAKUIN
修学院離宮

Yabuzoe, Shugakuin, Sakyō-ku, Kyoto 606–8052
〒606–8052 京都市左京区修学院藪添
☎ 075–781–5203

Wandelgarten

Frühe Edo-Zeit

GEÖFFNET: Führungen zu festgesetzten Zeiten montags–samstags. Geschlossen Samstag nachmittags, sonntags, an Nationalfeiertagen und vor und nach Neujahr (25. Dezember–5. Januar). Besuch vorher anmelden bei der Imperial Household Agency, Kaiserpalast Kyoto (Tel. 075-211-1211).
EINTRITT: frei
FOTOGRAFIEREN: erlaubt
BESTE BESUCHSZEIT: Herbst, wegen des bunten Herbstlaubs

Dem Garten ist ein Überraschungselement eingebaut. Der zum Pavillon Rin'un-tei (Oberer Garten) führende Pfad läuft durch einen hohen Heckenkorridor. Plötzlich tritt der Besucher ins Freie – und hat einen spektakulären Fernblick zu den Bergen im Norden und Westen. Siehe S. 88, 192.

Shugakuin, nach japanischen Maßstäben sehr weiträumig, besteht aus drei Gärten, gestaffelt angeordnet zwischen Reisfeldern an sanft abfallendem Hang. Früher erfreuten sich hier die Hofadligen, ländliche Szenen suchend, an der Kirschblüte, am Sommergrün, am Herbstlaub, am Winterschnee, wandelten auf erhöhten Pfaden von Garten zu Garten und pflückten in der Saison Wildblumen und Kräuter. Alle Bauten im Garten sind klein und von edler Schlichtheit.

4. SHOSEI-EN IM HIGASHI-HONGAN-JI 東本願寺渉成園

Ainomachi, Higashi Tamamizu-chō, Shimogyō-ku, Kyoto 600–8190
〒600–8190 京都市下京区東玉水町間之町
☎ 075–371–9181

Teichgarten

Ursprünglich Heian-Zeit

GEÖFFNET: 9-15.30 Uhr
EINTRITT: frei
FOTOGRAFIEREN: erlaubt
BESTE BESUCHSZEIT: Frühling, wegen der Kirschblüte

Auf einem ebenen Gelände ist ein großer Teich mit Inseln angelegt. Der Garten hat mehrere Teepavillons, gedeckte Brücken und Türme. Baumbestand unter anderem: Kirsche, Pflaume, Wistarie, Ahorn.

Ungefähr an der Stelle des heutigen Shosei-en hatte im 9. Jahrhundert der Minister zur Linken, Minamoto no Toru, eine private Villa mit Garten errichten lassen. Zu Beginn des 17. Jahrhunderts ließ der Samurai Ishikawa Jozan, eine kulturbeflissene Persönlichkeit, diesen Garten etwa in der heutigen Form anlegen. Seitdem wird er von den Mönchen des Higashi Hongan-ji-Tempels gepflegt und verwaltet. Die Teichinseln zeigen zum Teil Schildkröten- und Kranichform, traditionelle japanische Glückssymbole; andere symbolisieren die Inseln der Seligen, eine Tradition, die aus China übernommen wurde.

5. BYODO-IN
平等院

116 Ujirenge, Uji-shi, Kyoto 611–0021
〒611–0021 京都府宇治市宇治蓮華116
☎ 0774–21–2861

Paradiesgarten

Heian-Zeit

GEÖFFNET: 9-17 Uhr (März - Nov.), 9-16 Uhr (Dez. - Feb.)
EINTRITT: 400 Yen
FOTOGRAFIEREN: erlaubt, Innenaufnahmen mit Blitz und Stativaufnahmen untersagt

Der Tempel liegt über dem Uji-Fluß und bietet guten Ausblick auf den Berg Asahi. Auf einer Zentralinsel die von Korridoren flankierte Amida-Halle: Modell des Westlichen Paradieses, über das Buddha herrscht. Siehe S. 28, 79.

Heute ein buddhistischer Tempel, im 11. Jahrhundert eine Villa des Regenten Fujiwara no Yorimichi. Im Mittelpunkt der wohl auch aus religiösen Gründen errichteten Anlage stand – wie damals üblich – eine Buddha-Halle, irdisches Abbild des Westlichen Paradieses des Buddha Amida. Die Gesamtanlage wurde später durch Krieg zerstört. Erhalten blieben nur die Amida-Halle und der Teich, welcher den »Teich der Sieben Kostbaren Substanzen« symbolisiert. Bei Nacht kann sich der Besucher bei einiger Phantasie noch ausmalen, wie die Villa in ihrer großen Zeit ausgesehen hat.

6. ROKUON-JI (KINKAKU-JI)
鹿苑寺(金閣寺)

1 Kinkaku-ji-chō, Kita-ku, Kyoto 603–8361
〒603–8361 京都市北区金閣寺町1
☎ 075–461–0013

Teichgarten
Kamakura-Zeit

GEÖFFNET: 9-17 Uhr
EINTRITT: 400 Yen
FOTOGRAFIEREN: erlaubt
BESTE BESUCHSZEIT: Herbst und nach Schneefällen im Winter

Mittelpunkt des Gartens: der dreistöckige Goldene Pavillon am Ufer des großflächigen Spiegelsees mit geschickten Arrangements von Felsen und Inseln. Dahinter führt ein Weg durch einen Laubwald. Siehe S. 106, 192.

Im 13. Jahrhundert stand hier die Villa des Hofedlen Saionji Kintsune. Im 14. Jahrhundert wurde sie vom Shogun Ashikaga Yoshimitsu erworben und stark umgebaut. Nach Yoshimitsus Tod wurde sie zum Tempel, der heute Rokuon-ji heißt. Von der Villa ist nur noch der Teich erhalten. Der berühmte Pavillon – oder Kinkaku, wovon sich der volkstümliche Name des Tempels ableitet – brannte 1950 ab und wurde 1955 rekonstruiert.

7. JISHO-JI (GINKAKU-JI)
慈照寺(銀閣寺)

2 Ginkaku-ji-chō, Sakyō-ku, Kyoto 606–8402
〒606–8402 京都市左京区銀閣寺町2
☎ 075–771–5725

Paradiesgarten
Muromachi-Zeit

GEÖFFNET: 8.30-17 Uhr (15. März - 30. Nov.), 9-16.30 Uhr (1. Dez. - 14. März)
EINTRITT: 500 Yen
FOTOGRAFIEREN: erlaubt
BESTE BESUCHSZEIT: Herbst

Geharkte Kiesflächen und festgeklopfte Sandaufschüttungen stellen Meer und Berge dar. Dahinter erklimmt ein Pfad einen Hügel bis zu einer Quelle. Am Zugangsweg bemerkenswert: der Zaun, eine Kombination aus Stein, Bambus und Hecke. Nach Angaben des Tempels soll ein Gebäude hinter der Haupthalle Japans ältesten Teeraum enthalten. Siehe S. 102, 171, 182.

Wie der Rokuon-ji (Kinkaku-ji) war auch der Jisho-ji-Tempel ursprünglich die Villa eines Shoguns. Als Parallele zum Goldpavillon im Rokuon-ji steht hier der Silberpavillon (Ginkaku), silbern nur dem Namen nach, da der Eigentümer Ashikaga Yoshimasa starb, ehe die Silberfolie angebracht werden konnte. Die bedeutendsten Sehenswürdigkeiten sind hier ein großes ›Meer‹ aus geharktem Kies mit Wellen und eine Sandaufschüttung in Form eines Kegelstumpfes, die an den Fuji erinnert (am Eingang der Hauptanlage). Sie sollen vom Samurai Miyagi Toyomori 130 Jahre nach Gründung des Tempels angelegt worden sein.

8. SAIHO-JI (KOKE-DERA = MOOSTEMPEL)
西芳寺(苔寺)

56 Jingatani-chō, Matsuo, Nishikyō-ku, Kyoto 615–8286
〒615–8286 京都市西京区松尾神ケ谷町56
☎ 075–391–3631

Paradiesgarten und Trockenlandschaftsgarten
Kamakura-Zeit

GEÖFFNET: Führungen zu vom Tempel festgesetzten Zeiten, Anmeldungen nur per Postkarte mindestens drei Tage vorher
EINTRITT: 3000 Yen
FOTOGRAFIEREN: erlaubt, keine Stativaufnahmen
BESTE BESUCHSZEIT: Frühling, Regenzeit im Juni, Herbst

Im unteren Teil ein archaischer Garten mit einem großen Teich, dessen Inseln und Ufer eine dichte Moosdecke tragen. Ein Weg führt hügelaufwärts zu einer spektakulären Trockenlandschafts-Kaskade. Vor Besichtigung des Gartens ist man gehalten, an einer etwa halbstündigen Sutrenlesung in der Haupthalle teilzunehmen. Siehe S. 40, 92, 101–110.

Der alte Saiho-ji, ein Garten von legendärer Pracht, diente als Vorbild für mehrere andere Anlagen, darunter den Silberpavillontempel Ginkaku-ji. Vom 14. Jahrhundert an mehrfach von Feuer und Überschwemmung verheert, war der Garten im 18. Jahrhundert nur noch von einem einzigen Mönch bewohnt. Die Bäume verwilderten, Moos überwucherte den Boden. Man ließ das Moos schließlich ungehindert wachsen, und es gab dem Tempel den Namen, unter dem er jetzt berühmt ist: Koke-dera, Moostempel.

9. HAUPTBAU (HOJO) DES DAITOKU-JI 大徳寺本坊

53 Daitoku-ji-chō, Murasakino, Kita-ku, Kyoto 603–8231
〒603–8231 京都市北区紫野大徳寺町53
☎ 075–491–0019

Trockenlandschaftsgarten
Frühe Edo-Zeit

Der Garten ist nicht öffentlich.

Zwei kegelförmige ›Berge‹ erheben sich aus einem Kies-›Meer‹. Sie sollen entstanden sein aus Kieshaufen, die man bereithielt, um die Kiesdecke des Gartens bei besonderen Anlässen zu erneuern. Siehe S. 189.

Der Daitoku-ji besteht aus einer Gruppe von Subtempeln, in denen Zen-Mönche der Rinzai-Sekte studieren und meditieren. Der Hojo ist das Hauptgebäude. Sein zen-typischer Kies- und Steingarten wurde angelegt von Gyokushitsu Sohaku nach seiner Rückkehr aus fünfjährigem Exil in Nordost-Honshu – dorthin war er 1629 wegen Verstoßes gegen das Shogunatsgesetz verbannt worden. Der weiße Kies, der den größen Teil des Gartens bedeckt, ist zu Mustern geharkt. An der Veranda der Abtresidenz zwei große Steine, gegenüber in der südöstlichen Ecke ebenfalls eine Anzahl Steine. Zwei weitere Steine stehen in Kameliensträuchern, die so beschnitten sind, daß sie fließendes Wasser suggerieren: ein schöner Akzent in dem weiträumigen, einfachen Karesansui-Garten.

10. DAISEN-IN IM DAITOKU-JI 大仙院

54–1 Daitoku-ji-chō, Murasakino, Kita-ku, Kyoto 603–8231
〒603–8231 京都市北区紫野大徳寺町54–1
☎ 075–491–8346

Trockenlandschaftsgarten
Muromachi-Zeit

GEÖFFNET: 9-17 Uhr (im Winter bis 16.30 Uhr),
EINTRITT: 400 Yen
FOTOGRAFIEREN: erlaubt, keine Stativaufnahmen

Die Wand, welche den Ostgarten in zwei Hälften teilt, wurde in jüngerer Zeit nach alten Unterlagen (wieder) errichtet. Berühmt: der schiffsförmige Stein. Siehe S. 40, 175, 192.

Zwei Gärten gibt es im Subtempel Daisen-in. Der eine, an der Vorderseite der Haupthalle gelegen, ist rein symbolisch und abstrakt, er besteht nur aus einer geharkten weißen Kiesfläche, akzentuiert durch zwei Kegelaufschüttungen. Der andere an der Ostseite – ein kleinerer Garten nur aus Kies, Steinen und einigen wenigen Pflanzen – läßt das Bild eines Wasserlaufs vom Gebirge bis zum Meer entstehen, Ausdruck des Zen-Glaubens, daß auch auf wenigen Quadratmetern ein Universum in Mikrokosmen gebaut werden könne.

11. KOTO-IN IM DAITOKU-JI 高桐院

73–1 Daitoku-ji-chō, Murasakino, Kita-ku, Kyoto 603–8231
〒603–8231 京都市北区紫野大徳寺町73–1
☎ 075–492–0068

Trockenlandschaftsgarten
Frühe Edo-Zeit

GEÖFFNET: 9–16.30 Uhr
EINTRITT: 300 Yen
FOTOGRAFIEREN: erlaubt
BESTE BESUCHSZEIT: Frühsommer, Herbst

Interessanter rechtwinklig abknickender Zugangsweg aus Naturstein-Pavimenten, der den Besucher einstimmend hinführt zum Garteneingang. Ganz im rückwärtigen Teil der Anlage ein Teehaus und mehrere Teegärten mit zahlreichen Laternen und Wasserschöpfbecken. Im Gegensatz zum Usus in anderen Tempeln kann man hier frei herumgehen und alles aus der Nähe betrachten. Sehr populär ist der Tempel im Herbst, wenn das Ahornlaub am schönsten ist. Siehe S. 112.

Als Zeremonialgelände bleibt der Vorplatz der Haupthalle in buddhistischen Tempeln meist ›leer‹, das heißt eine freie Kiesfläche mit höchstens ein paar Bäumen. Anders im Koto-in: Hier steht ein Ahornwäldchen, grün im Frühjahr und Sommer, leuchtend rot im Herbst. Im Winter sieht man durch die kahlen Äste den blauen Himmel und im Wind treibende Wolken.

12. HOSHUN-IN IM DAITOKU-JI
芳春院

55 Daitoku-ji-chō, Murasakino, Kita-ku, Kyoto 603-8231
〒603-8231 京都市北区紫野大徳寺町55
☎ 075-492-6010

Trockenlandschaftsgarten und Teichgarten
Frühe Edo-Zeit

Für die Öffentlichkeit nicht zugänglich

Die Trockenlandschaft suggeriert einen Fluß, der aus einer Schlucht in einen See mündet, der See mündet ins weite Meer. Hinter der Haupthalle am ›echten‹ See ein zweistöckiges Gebäude, der Donkokaku, erbaut 1617. Siehe S. 173.

Nach meiner Meinung ist dieser Garten geschaffen, um ausschließlich im Herbst betrachtet zu werden, wenn vor der Tempelhalle die chinesischen Glockenblumen blühen. Gärten in denen das ganze Jahr Blumen blühen, haben ihre Reize, aber auch Gärten dieser Art, die nur zu einer einzigen Jahreszeit Blüten zeigen, sind reizvoll. Die chinesischen Glockenblumen sind möglicherweise als generelles Symbol für ›alle‹ Blüten gedacht.

13. SHODEN-JI
正伝寺

72 Kita Chinjuan-chō, Nishigamo, Kita-ku, Kyoto 603-8847
〒603-8847 京都市北区西加茂北鎮守菴町72
☎ 075-491-3259

Trockenlandschaftsgarten
Frühe Edo-Zeit

GEÖFFNET: 9-17 Uhr
EINTRITT: 300 Yen
FOTOGRAFIEREN: erlaubt
BESTE BESUCHSZEIT: Frühling (wegen der Azaleen) und Herbst.

Gestutzte Azaleenbüsche sind in Dreier-, Fünfer- und Siebenergruppen angeordnet, eine typische Konfiguration, wie sie sonst nur bei Steinsetzungen vorkommt, etwa im Shinju-an. An klaren Tagen ist im Hintergrund der Berg Hiei sichtbar. Siehe S. 192.

Mit seiner unbequem zu erreichenden Lage in den Hügeln im nördlichen Außenbezirk der Stadt zählt der Shoden-in zu den weniger besuchten Tempeln. Während der Studentenunruhen der 60er Jahre sollen jedoch viele frustrierte junge Leute zum stillen Nachdenken hierher gekommen sein. Auch ich selbst habe mich versenkt in die Betrachtung der einfachen weißen Kiesfläche und der beschnittenen Azaleensträucher des Gartens, des blauen Himmels, des langen Nachschwingens vergangener Zeiten.

14. HONPO-JI
本法寺

617 Honpōjimae-chō, Teranouchi-agaru, Ogawa-dōri, Kamigyō-ku Kyoto 602-0061
〒602-0061 京都市上京区小川通寺之内上ル本法寺前町617
☎ 075-441-7997

Trockenlandschaftsgarten
Frühe Edo-Zeit

GEÖFFNET: 10-16 Uhr
EINTRITT: 100-200 Yen
FOTOGRAFIEREN: erlaubt

Drei kommaförmig beschnittene Hecken sind hineinkomponiert in einen Raum, der vom Hojo, Kuri und dem Hozo (dem Gebäude, wo die Wertsachen des Tempels aufbewahrt werden) begrenzt wird. In der Südostecke ein Trockenlandschafts-Wasserfall, darunter eine berühmte Steinbrücke.

Der Garten aus dem frühen 17. Jahrhundert stammt von Hon'ami Koetsu, von Beruf Schwert-Taxator, im Nebenberuf exzellenter Kalligraph und Teemeister. Der kleine Teich im Vordergrund, beim Hojo, war ursprünglich achteckig, mit Lotus bepflanzt und von behauenen Steinen eingefaßt, eine seltene Ausnahme im traditionellen japanischen Garten. Die Steineinfassung ist geblieben, der Teich ist jedoch heute zehneckig und mit Schwertlilien bepflanzt. Er wirkt erstaunlich modern.

15. RYUGIN-AN IM TOFUKU-JI
竜吟庵

812 Honmachi 15-chōme, Higashiyama-ku, Kyoto 605–0981
〒605–0981 京都市東山区本町15丁目–812
☎ 075–541–8972

Trockenlandschaftsgarten
Moderne Zeit

GEÖFFNET: 9-16.30 Uhr. Nur im November und vom 14.-16. März geöffnet
EINTRITT: 300 Yen
FOTOGRAFIEREN: erlaubt

Der Garten stammt von Shigemori Mirei, einem der hervorragendsten Vertreter der japanischen Gartenkunst-Moderne, der gleichzeitig Gartenhistoriker war. In der Nähe, am Hojo des Tofuku-in, befinden sich weitere Gärten von Shigemori.

Versteckt hinter der Haupthalle des Zen-Tempels Tofuku-ji, ist dieser Subtempel schwer zu finden und daher ruhig und abgeschieden. Er muß einmal einflußreiche Gönner gehabt haben, denn immerhin besitzt er vier ganz verschiedene Trockenlandschaftsgärten, auf jeder Seite der Haupthalle einen. Drei davon wurden von Shigemori Mirei in der Zeit nach dem Zweiten Weltkrieg rekonstruiert. Jeder davon hat eine ausgeprägt eigene Persönlichkeit.

16. KONCHI-IN IM NANZEN-JI
金地院

86–12 Fukuchi-chō, Nanzen-ji, Sakyō-ku, Kyoto 606–8435
〒606–8435 京都市左京区南禅寺福地町86–12
☎ 075–771–3511

Trockenlandschaftsgarten und Teichgarten
Frühe Edo-Zeit

GEÖFFNET: 8.30-17 Uhr, von Dezember bis Februar 8.30-16.30 Uhr EINTRITT: 400 Yen
FOTOGRAFIEREN: erlaubt
BESTE BESUCHSZEIT: Frühsommer, Herbst

Im Hintergrund ein großer ›Kultstein‹, die mystische Insel Horai darstellend; im Vordergrund eine Kiesfläche mit Schiffsgrundriß. Schönes Beispiel für den frühen Edo-Stil. Siehe S. 192.

Kobori Enshu, Schöpfer des Gartens, war Shogunatsbeamter und gehörte zur kulturellen Elite seiner Zeit. Den Auftrag zu diesem Garten erhielt er vom Zen-Priester Konchi'in Suden, einem Ratgeber der Tokugawa-Familie. Im Garten drückt sich Kobori Enshus persönlicher Stil, gleichzeitig aber auch Achtung vor den Höhergestellten aus: etwa in glücksverheißenden Elementen wie den künstlichen Hügeln in Kranich- und Schildkrötenform – beides Symbole für langes Leben – und in dem flachen Stein, auf welchem man stehen und den Toshogu-Schrein bewundern kann, welcher den Tokugawas und besonders ihrem Begründer Iesayu gewidmet ist.

17. TAIZO-IN IM MYOSHIN-JI
退蔵院

35 Myōshin-ji-chō, Hanazono, Ukyō-ku, Kyoto 616–8035
〒616–8035 京都市右京区花園妙心寺町35
☎ 075–463–2855

Trockenlandschaftsgarten
Muromachi-Zeit

GEÖFFNET: 9-17 Uhr
EINTRITT: 400 Yen
FOTOGRAFIEREN: erlaubt
BESTE BESUCHSZEIT: Spätsommer

Leicht interpretierbares Abbild der natürlichen Welt. Hügelabwärts vom Tempel liegt ein moderner Garten vom Designer Nakane Kinsaku aus Kyoto.

Kano Motonobu (1476–1559), namhafter Künstler der berühmten Kano-Schule, soll um 1520 diesen realistischen Trockenlandschaftsgarten westlich des Hojo entworfen haben. Seine Elemente: eine weiße Sandfläche, die Wasser darstellt; Steine, die einen Wasserfall und einen Teich repräsentieren; eine Insel, die eine Schildkröte versinnbildlicht; eine Steinbrücke; Hintergrundbepflanzung. Das Ganze erinnert an Landschaftsmalerei. Die Art der Komposition und ihr traditioneller Name »Motonobus Garten« unterstreichen die Zuschreibung.

18. CHISHAKU-IN
智積院

964 Higashi Kawara-chō, Shichijō-sagaru, Higashiōji, Higashiyama-ku, Kyoto 605–0951
〒605–0951 京都市東山区東大路七条下ル東瓦町964
☎ 075–541–5361

Stein- und Teichgarten
Momoyama-Zeit

GEÖFFNET: 9-16.30 Uhr
EINTRITT: 350 Yen
FOTOGRAFIEREN: erlaubt (nur Garten)
BESTE BESUCHSZEIT: Mai und Juni, wegen der Azaleen

Sehr gute perspektivische Effekte. Wenn man den Blick über den Berghang schweifen läßt und in die Bucht hinter der Brücke, erscheinen die Entfernungen größer, als sie tatsächlich sind. Bemerkenswertes Baudetail: Der Teich erstreckt sich bis unter das Gebäude. Siehe S. 217.

Der großflächige Garten nutzt hier einen Hang, der zu einem Gästehaus führt. Am unteren Ende des Hangs, der mit blühendem Buschwerk – meist Azaleen – besetzt ist, liegt ein von einer natürlichen Quelle gespeister Teich, den eine Brücke aus bläulichem Stein überspannt. Als ich einmal den Garten besuchte, spiegelten sich auf nassen Steinen, die ein stiller Regen benetzt hatte, glitzernd die Azaleen.

19. RYOAN-JI
竜安寺

13 Goryōshitano-chō, Ryōan-ji, Ukyō-ku, Kyoto 616–8001
〒616–8001 京都市右京区龍安寺御陵下ノ町13
☎ 075–463–2216

Trockenlandschaftsgarten
Muromachi- (frühe Edo-?) Zeit

GEÖFFNET: 8-17 Uhr, von Dezember bis Februar 8.30-16.30 Uhr
EINTRITT: 400 Yen
FOTOGRAFIEREN: erlaubt

Der Ryoan-ji ist für jedermann ein ›Muß‹ und daher oft sehr überlaufen, besonders wenn Schulklassen zu Besuch kommen. Die beste Zeit ist der frühe Morgen. Leider gibt es hier eine Lautsprecheranlage, die den Garten aufdringlich ›erklärt‹. Siehe S. 81, 172, 192.

Das Moos an den Steinen dieses klassischen Karesansui-Gartens ist natürlich gewachsen. Niemand weiß eine endgültige Deutung der 15 Steine auf der weiten Kiesfläche. Eine klare Ausdeutung ist auch gar nicht notwendig. Vielleicht ist der Garten als *koan* gemeint, als eine jener paradoxen und scheinbar sinnlosen Meditationsaufgaben, mit denen Zen-Priester ihre Schüler zur Erleuchtung zu führen trachten.

20. TENRYU-JI
天竜寺

68 Susukinobaba-chō, Tenryū-ji, Saga, Ukyō-ku, Kyoto 616–8385
〒616–8385 京都市右京区嵯峨天龍寺芒ノ馬場町68
☎ 075–881–1235

Teichgarten
Kamakura-Zeit

GEÖFFNET: 8.30-17.30 Uhr (April - Nov.), 8.30-17 Uhr (Dez. - März)
EINTRITT: 500 Yen
FOTOGRAFIEREN: erlaubt
BESTE BESUCHSZEIT: Anfang April, November

Im Mittelpunkt des Gartens steht ein Trockenwasserfall auf der den Tempelbauten gegenüberliegenden Seite des Teichs. Ein Stein im unteren Teil der Kaskade stellt einen Karpfen dar, der, nach der Überlieferung, den Wasserfall zu erklimmen und sich zum Drachen zu verwandeln sucht. Am Fuß der Kaskade die älteste erhaltene Steinbrücke Japans. Siehe auch S. 36, 40, 192, 216.

Im Garten befindet sich ein Teich und eine Steingruppe, die gleichzeitig als Rückhaltemauer fungiert. Traditionelle japanische Gärten nehmen sich gern berühmte Landschaftsszenen aus Japan zum Vorbild; der Tenryu-ji jedoch orientiert sich an chinesischer Tuschmalerei, vielleicht aufgrund des damals blühenden China-Handels. Zur Entstehungszeit des Tempels war der Kaiserhof in eine nördliche (Kyoto) und eine südliche Dynastie (auf dem Berg Yoshino) gespalten. Der berühmte Krieger Ashikaga Takauji, Parteigänger der Norddynastie, ließ den Tenryu-ji zum Gedenken an seinen Gegner bauen, den Kaiser Godaigo aus der Süddynastie.

21. SAMBO-IN IM DAIGO-JI
三宝院

22 Higashiōji-chō, Daigo, Fushimi-ku, Kyoto 601–1325
〒601–1325 京都市伏見区醍醐東大路町22
☎ 075–571–0002

Stein- und Teichgarten
Momoyama- bis frühe Edo-Zeit

GEÖFFNET: 9-16 Uhr (Oktober-März), 9-17 Uhr (April-September)
EINTRITT: 500 Yen
FOTOGRAFIEREN: nicht erlaubt
BESTE BESUCHSZEIT: Frühling, wegen der Azaleen, und November, wegen des Herbstlaubs

Ein kunstvolles Arrangement aus 700 Steinen, darunter der berühmte Fujito-Stein mit langer Geschichte. Zum erstenmal werden hier Erdbrücken benutzt. Die Gegend um den Sambo-in eignet sich sehr schön zum Wandern. Siehe S. 5, 175.

1598 gab hier der militärische Herrscher Japans, Toyotomi Hideyoshi, ein großes Kirschblütenfest. In den darauffolgenden 20 Jahren nahm der Garten in den Grundzügen die heutige Form an: mit seinem Teich und Wasserfall, seinen Inseln und Pflanzen. Normalerweise sind Gärten dieser Art als Wandelgarten angelegt, der Sambo-in aber ist dazu angelegt, daß man ihn in sitzender Position aus den Räumen und von den Verandas des angrenzenden Gebäudes betrachtet. Die Kombination aus Kies und runden Moospolstern in einer Ecke hat sich natürlich entwickelt; man fand sie so schön, daß man sie in dieser Gestalt weiterbestehen ließ.

22. JOJU-IN IM KIYOMIZU-DERA
成就院

294 Kiyomizu 1-chōme, Higashiyama-ku, Kyoto 605–0862
〒605–0862 京都市東山区清水1丁目294
☎ 075–551–1234

Teichgarten
Mittlere Edo-Zeit

Der Garten ist nicht öffentlich.

Zwei Inseln mit auffallenden Steinformationen, die an die traditionelle Schildkröten- und Kranichform erinnern. Die Einbeziehung ›geborgter Landschaft‹ weitet den Garten nicht nur räumlich, sondern macht ihn auch abwechslungsreicher. Je nach Regen, Nebel, Schnee usw. entsteht immer wieder ein neues Gesamtbild. Siehe S. 189.

Der Joju-in hat einen Teich, randvoll mit klarem Wasser. Der eigentlich recht kleine Garten ›borgt‹ sich das Yuya-Tal und die Berge im Hintergrund: Auf dem Berghang steht eine Steinlaterne, die den Eindruck erweckt, als gehöre sie zum Garten, und somit die Illusion schafft, daß der Garten eine viel größere Ausdehnung besitze.

23. HEIAN-SCHREIN
平安神宮

97 Nishitennō-chō, Okazaki, Sakyō-ku, Kyoto 606–8341
〒606–8341 京都市左京区岡崎西天王町97
☎ 075–761–0221

Wandelgarten
Meiji-Zeit

GEÖFFNET: 8.30-16.30 Uhr (November-Februar), 8.30-17 Uhr (1.-14. März und September-Oktober); 8.30-17.30 Uhr (15. März-August)
EINTRITT: 600 Yen
FOTOGRAFIEREN: erlaubt
BESTE BESUCHSZEIT: April, wegen der Kirschblüte im Ostgarten

Seltenes Beispiel eines ausgedehnten Teichgartens an einem Shinto-Schrein. Den Vorhof bildet eine freie weiße Kiesfläche; hinter dem Schrein der Wandelgarten, architektonisch akzentuiert durch das Schreingebäude, eine gedeckte Brücke und einen Turm mit einem Phönix auf dem Dach. Der Garten stammt von Ogawa Jihei, der auch am Murin-an mitgearbeitet hat.

Der Heian-Schrein entstand 1894 zum 1100jährigen Gedenkfest der Erhebung Kyotos zur Hauptstadt (sie hieß einmal Heian-kyo). Stilistisch orientiert er sich an Schreinen des 8. Jahrhunderts. Östlich, westlich und nördlich des Schreingebäudes liegen Gärten, die hauptsächlich als Wandelgärten konzipiert sind. Zu den bemerkenswerten Details gehören die Trittsteine im Teich: Es sind Relikte von Pfeilern einer Steinbrücke aus dem 16. Jahrhundert, die den Fluß Kamo überspannte, bis sie einem Erdbeben zum Opfer fiel.

24. MURIN-AN
無鄰庵

48 Kusakawa-chō, Nanzen-ji, Sakyō-ku, Kyoto 606-8437
〒606-8437 京都市左京区南禅寺草川町48
☎ 075-771-3909

Wandelgarten
Meiji-Zeit

GEÖFFNET: 9-16.30 Uhr
EINTRITT: 350 Yen
FOTOGRAFIEREN: erlaubt
BESTE BESUCHSZEIT: Herbst

Das keilförmige Gartengelände ist leicht ansteigend. Eine dreistufige Kaskade führt Wasser heran, das als breiter, seichter, gewundener Bach durch den Garten bis zu den Gebäuden am anderen Ende fließt. Am Gartenrand hat man durch die Bäume einen Blick auf die östlichen Hügel. Siehe S. 90.

Dieser Garten, geprägt wohl von den Ideen seines Eigentümers, des Staatsmanns und Militärs Yamagata Arimoto, markiert einen Wendepunkt in der Geschichte des Kyotoer Wandelgartens, besonders in der Art und Weise, wie nichttraditionelle Bepflanzung eingesetzt wird. Ogawa Jihei, der die Bauarbeiten leitete, soll die Arbeit an dem Projekt 1893 aufgenommen haben, als er erst 34 Jahre alt war. 1896 wurde der Garten vollendet. Der große Reiz des Gartens liegt in den Details, besonders der Bachführung, aber auch im Gesamtkonzept. Er wurde für Gärten dieser Gattung im ganzen Raum Kyoto stilbildend.

25. MANJU-IN
曼殊院

42 Takenouchi-chō, Ichijō-ji, Sakyō-ku, Kyoto 606-8134
〒606-8134 京都市左京区一乗寺竹ノ内町42
☎ 075-781-5010

Trockenlandschaftsgarten
Frühe Edo-Zeit

GEÖFFNET: 9-17 Uhr
EINTRITT: 500 Yen
FOTOGRAFIEREN: erlaubt
BESTE BESUCHSZEIT: Frühling, Herbst

Man versuche, den Garten aus dem Gebäude »Kleiner Shoin« heraus zu betrachten; von dort aus bekommt man den besten Eindruck von der Bewegung und der Weite der Stein- und Kieslandschaft. Die Inseln zeigen zum Teil das traditionelle Schildkröten- und Kranichbild.

Der Hachijo-Prinz, der die Villa Katsura baute – der zweite Sohn Toshihitos – leitete auch den Bau dieses Karesansui-Gartens, der Mitte des 17. Jahrhunderts entstand. Auf einer großen weißen Kiesfläche, die das Meer repräsentiert, liegen drei Inseln mit kleinen Steintürmen, Kiefern und Steingruppierungen, die den Buddha und zwei begleitende Bodhisattvas darstellen. An Frühlingsabenden geben die blühenden Azaleen im Garten dem weißen Papier der Shoji-Schiebewände blaßblaue Lavendelfarbe.

26. ENTSU-JI
円通寺

38-9 Hataeda-chō, Iwakura, Sakyō-ku, Kyoto 606-0015
〒606-0015 京都市左京区岩倉幡枝町38-9
☎ 075-781-1875

Trockenlandschaftsgarten
Frühe Edo-Zeit

GEÖFFNET: 10-16 Uhr
EINTRITT: 400 Yen
FOTOGRAFIEREN: nicht erlaubt
BESTE BESUCHSZEIT: an klaren Tagen

Man betritt das Gebäude von Westen und geht einen engen Korridor entlang, bis man sich nach links wenden muß. An diesem Punkt wird erstmals der Garten sichtbar: ein verblüffender Effekt. Siehe S. 5.

Neuerdings ist leider auch dieses beste noch erhaltene Beispiel für ›geborgte Landschaft‹, d.h. das Einkomponieren von Hintergrund-Szenerien in den Garten, gefährdet. Die großen, von der niedrigen Hecke eingezäunten Steine, sehen wie Steinsetzungen aus, sind jedoch freigelegte Spitzen natürlicher Felsbrocken im Boden. Durch die auf der Heckenaußenseite gepflanzten Bäume sah man in der Ferne ursprünglich den Berg Hiei. Sie dienten dem Gartengestalter als Medium, mit dessen Hilfe er den Berg einfangen und in die Komposition einbeziehen konnte. Obwohl man sich per Gesetz darum bemüht, die Ausweitung des Stadtgebietes einzugrenzen, ist dieser Blick nahezu verschwunden.

27. MIYAKO-HOTEL, KASUI-EN-ANNEX

都ホテル 佳水園

1 Kachō-chō, Awadaguchi, Higashiyama-ku, Kyoto 605–0052
〒605–0052 京都市東山区粟田口華頂町1
☎ 075–771–7111

Trockenlandschaftsgarten
Moderne Zeit

GEÖFFNET: nur für Hotelgäste
EINTRITT: frei
FOTOGRAFIEREN: erlaubt

Der Entwurf zeigt kürbis- bzw. gurkenförmige Moosinseln in einem Kiesmeer und erinnert stark an einen Garten im oberen Bereich des Sambo-in.

Ein moderner Stein- und Kiesgarten von Murano Togo, einem bekannten Architekten, der auch das Hotel entworfen hat. Die Materialien beschränken sich auf weißen Kies und grünes Moos, die verbreitetsten, preiswertesten Materialien, die in Kyotoer Gärten Verwendung finden. Die meisten Karesansui-Gärten enthalten symbolische Elemente – dieser jedoch strebt mehr nach abstrakter Schönheit, im Einklang mit der modernen Architektur und dem Wohnhaus-Stil des Gebäudes.

28. JIKO-IN

慈光院

865 Koizumi-chō, Yamato Kōriyama-shi, Nara 639–1042
〒639–1042 奈良県大和郡山市小泉町865
☎ 0743–53–3004

Trockenlandschaftsgarten
Frühe Edo-Zeit

GEÖFFNET: 9-17 Uhr
EINTRITT: 1000 Yen
FOTOGRAFIEREN: erlaubt
BESTE BESUCHSZEIT: Mai und Juni, wegen der Azaleen

Durch die sehr breite Veranda wird das Haus visuell in den Garten hinein verlängert. Als Zaun dient lediglich eine niedrige Hecke, so daß die Kulisse der umliegenden Landschaft gut sichtbar bleibt und stark in den Garten integriert ist.

Hinter dem Tor am Ende einer schwach beleuchteten Straße, die einen niedrigen Hügel hinaufführt, steht im dörflichen Stil die Villa des Sadamasa Katarigi (1605–73), Herr der Koizumi-Sippe und Teezeremonieberater der Familie des Shogun. Die Villa strahlt ländliche Ruhe aus, das von Teemeistern geliebte Ambiente. In den Garten – Steine und Azaleen sind seine Hauptelemente – ist der unerwartete Ausblick auf das Yamato-Becken, das sich im Tal erstreckt, geschickt einbezogen.

29. RESIDENZ ICHIJODANI ASAKURA

一乗谷朝倉氏 館跡庭園

Kidonouchi-chō, Fukui-shi, Fukui 910–2153
〒910–2153 福井県福井市城戸ノ内町
☎ 0776–41–2301

Stein- und Teichgarten
Murochami-Zeit

GENAUER NAME: Asakura-shi Yakata Ato Teien
GEÖFFNET: durchgehend
EINTRITT: frei
FOTOGRAFIEREN: erlaubt
BESTE BESUCHSZEIT: Herbst

Ein hochdynamischer Garten mit großen, groben Steinbrocken, die etwas im Mißverhältnis zum Teich stehen: besonders im Yudono-Garten, einem der vier hier restaurierten Gärten. Siehe S. 40.

Vier Jahrhunderte lag dieser Garten ›verschüttet‹. Erst nach dem letzten Weltkrieg stieß man bei Ausgrabungen auf die alten Steingruppierungen und Bachbetten und legte den Garten wieder frei. Es handelt sich also nicht um einen erhaltenen Garten im strengen Sinn. Trotzdem kann man ihn vor dem geistigen Auge vervollständigend rekonstruieren, samt den Menschen, die darin wandelten. Aristokratische Besucher haben nämlich Tagebuchaufzeichnungen über den Garten, über die Feste und Poesie-Lesungen, die dort stattfanden, hinterlassen.

Villa Shugakuin, Unterer Garten, Kyoto

Teich, Tenryu-ji, Kyoto

Weg im Uraku-Garten, Aichi

Teich und Steingarten, Chishaku-in, Kyoto

30. RESIDENZ KUWABARA
桑原邸庭園

Ichinose, Kami-ishizu-machi, Yōrō-gun, Gifu 503–1614
〒503–1614 岐阜県養老郡上石津町一之瀬
☎ 0584–47–2603

Wandelgarten und Teegarten
Mittlere Edo-Zeit

Der Garten ist nicht öffentlich.

Die Anlage enthält einen Teich in der Umrißform des Schriftzeichens ›Herz‹, einen Wandelgarten, einen künstlichen Hügel und etwas abgelegen einen Teegarten; an Bäumen unter anderem Wistarien und sehr alte Kiefern. Besonders schön: die beschnittenen Azaleen-Büsche.

Im 15. und 16. Jahrhundert, einer Zeit ständiger Umbrüche und kriegerischer Auseinandersetzungen in Japan, stand hier eine Burg; die heutigen Besitzer des Gartens stammen vom damaligen Burgherrn ab. In der Folge verzichtete die Familie auf den Samurai-Status und lebte von der Landwirtschaft. Trotzdem erinnert das Torhaus (im sogenannten *nagayamon*-Stil) noch stark an einen Samurai-Wohnsitz. Vor den inneren Gästeräumen liegt der Garten. Der Teich – besonders schön im Herbst, wenn das Laub bunt leuchtet – entstand durch Aufstauen eines Talbaches. Im Wald aus riesigen Cryptomeria-Zedern (Hintergrund) klingt die lange Geschichte des Hauses und Gartens nach.

31. URAKU-GARTEN
有楽苑

1 Gomonsaki, Inuyama-shi, Aichi 484–0081
〒484–0081 愛知県犬山市御門先1
☎ 0568–61–4608

Teegarten
Moderne Zeit

GEÖFFNET: 9-16 Uhr (Dezember-Februar)
EINTRITT: 1000 Yen
FOTOGRAFIEREN: erlaubt
BESTE BESUCHSZEIT: Frühling

Ausgedehnter Teegarten mit zahlreichen Trittsteinen und komplex zusammengesetzten Wegpavimenten. Siehe S. 217.

Nachdem er sich 1617 aus dem aktiven Leben zurückgezogen hatte, baute Samurai und Teemeister Oda Uraku im Tempelbezirk Kennin-ji, Kyoto, einen Teepavillon namens Jo-an. Der Pavillon ging anschließend durch viele Hände. Einen permanenten Standort fand er 1971, als er auf dem Gelände des Hotels Inuyama (Präfektur Aichi) neu aufgebaut wurde. Um ihn herum entwarf Architekt Horiguchi Sutemi, der Verantwortliche für das Projekt, einen neuen Garten. Durch kurzwüchsige gestutzte Pflanzen entsteht eine streng-würdevolle Komposition.

32. KENROKU-EN
兼六園

1–4 Kenroku-machi, Kanazawa-shi, Ishikawa 920–0936
〒920–0936 石川県金沢市兼六町1–4
☎ 0762–21–5850

Wandelgarten
Späte Edo-Zeit

GEÖFFNET: 7-18 Uhr, vom 16. Oktober bis Februar 8-16.30 Uhr
EINTRITT: 300 Yen
FOTOGRAFIEREN: erlaubt

Ein geschlängelter Bach bildet eine Form-Parallele zum Gartenpfad. Die großen und kleinen Wasserkaskaden, Springbrunnen und schöngestalteten Brücken geben dem Garten das charakteristische Ambiente der Kultur dieser Region.

Der Kenroku-en ist ein ehemaliger Garten der Feudalherren von Kaga. In einen Teich, dessen Wasser von den fernen Bergen kommt, ist ein Pavillon hinausgebaut, in dem Teezeremonie-Mahlzeiten *(kaiseki)* serviert werden. Die Äste der Kiefern werden durch Stricke an Masten hochgehalten, damit sie nicht von den schweren Schneelasten, die es hier im Winter gibt, zu Boden gedrückt werden. Eine interessante Technik, die früher wahrscheinlich auch anderswo benutzt wurde, sich heute aber nur noch im Kenroku-en erhalten hat.

33. SHIMIZU-EN
清水園

7-9-32 Daiei-chō, Shibata-shi, Niigata 957-0056
〒957-0056 新潟県新発田市大栄町7-9-32
☎ 0254-22-2659

Wandelgarten
Frühe Edo-Zeit

GEÖFFNET: 9-17 Uhr (April-Nov.), 9-18.30 Uhr (Dez. - März)
EINTRITT: 600 Yen
FOTOGRAFIEREN: erlaubt
BESTE BESUCHSZEIT: Frühling, Herbst

Fünf Teepavillons umgeben einen Teich, der den Grundriß des Schriftzeichens ›Wasser‹ hat. Der Garten gilt als beispielhaft für den Kyoto-Stil und nimmt sich die konventionellen »Acht Ansichten von Omi« (beim Biwa-See) zum Thema, ein in der damaligen Malerei beliebtes Sujet. Der große Shoin-Bau stammt aus dem Jahr 1666.

Noch bis 1950 hatte die Gegend hier stillen Stadtrandcharakter; heute steht die Villa der Herren des Shibata-Clans – deren Lehen im kalten Teil von Honshu, dem sogenannten Schneeland *(yukiguni)*, lag – mitten in der betriebsamen Großstadt. Der Garten ist klein und gepflegt. An mondhellen Abenden veranstalten junge Damen hier Mondbetrachtungen, Lyriklesungen und andere Feste; an Sonntagen finden oft Teezeremonien statt.

34. HAMA-RIKYU-GARTEN
浜離宮

1-1 Hama-rikyū Teien, Chūō-ku, Tokyo 104-0046
〒104-0046 中央区浜離宮庭園1-1
☎ 03-3541-0200

Wandelgarten
Frühe Edo-Zeit

GEÖFFNET: 9-17 Uhr, vom 29. Dezember bis 3. Januar geschlossen
EINTRITT: 300 Yen
FOTOGRAFIEREN: erlaubt
BESTE BESUCHSZEIT: Frühling

General Grant hat sich hier aufgehalten und ist 1895 mit dem Kaiser zusammengetroffen. Teepavillons und Pflanzungen litten zweimal schweren Schaden: beim Erdbeben von 1926 und im Zweiten Weltkrieg.

Oft auch als »Hama-Palast« bezeichnet, hat dieser Garten, heute ein öffentlicher Park, niemals Mitglieder der Kaiserfamilie beherbergt und besitzt auch gar keine dazu geeigneten Gebäude. Es handelt sich vielmehr um eine ehemalige Villa des Tokugawa Tsunashige (1644–1678), fertiggestellt 1679. Früher hatte der große Teich Verbindung mit der Bucht von Tokio, aber umfangreiche Landgewinnungsmaßnahmen haben ihn jetzt von den salzigen Gezeiten abgeschnitten. Der Hama-Rikyu-Garten ist als ›grüne Lunge‹ ein beliebtes Erholungsgelände für ringsum in den Bürohochhäusern arbeitende Menschen.

35. RIKUGI-EN
六義園

6-16-3 Honkomagome, Bunkyō-ku, Tokyo 113-0021
〒113-0021 文京区本駒込6-16-3
☎ 03-3941-2222

Wandelgarten
Frühe Edo-Zeit

GEÖFFNET: 9-17 Uhr, vom 29. Dezember bis 3. Januar geschlossen
EINTRITT: 300 Yen
FOTOGRAFIEREN: erlaubt
BESTE BESUCHSZEIT: Mai, wegen der Azaleen

Ein Teich in der Mitte der Anlage zeigt eine große Zentralinsel und weiter südwestlich eine Horai-Insel. Im Norden, Osten und Westen erheben sich künstliche Hügel. Der Blick vom Ostufer gilt als der beste.

Ein Wandelgarten, der sich weitgehend in seiner Ursprungsgestalt erhalten hat. Heute öffentlicher Park, war er einst Residenz des mächtigen Feudalherren Yanagisawa Yoshiyasu (1658–1714). An 88 Punkten rund um den Teich finden sich symbolische Darstellungen von Schauplätzen aus der klassischen japanischen Literatur. Alternierende helle und dunkle Zonen, weiträumige und enge Bereiche, sonnenhelle Haine und geheimnisvolle Wäldchen schaffen einen fast musikalisch anmutenden Rhythmus.

36. KEIO-PLAZA-HOTEL
京王プラザホテル

2–2–1 Nishi Shinjuku, Shinjuku-ku, Tokyo 160–0023
〒160–0023 新宿区西新宿2–2–1
☎ 03–3344–0111

Steingarten
Moderne Zeit

GEÖFFNET: durchgehend
EINTRITT: frei
FOTOGRAFIEREN: erlaubt

Zwischen Hotel und Straße ein ›Fußgängerbereich‹ mit behauenen Steinpavimenten und irregulären Trögen, auf leicht abschüssigem Gelände. Die Atmosphäre hier ist etwas düster und lastend. In einem anderen Gartenteil: ein burgmauerähnliches Gebilde aus schweren Steinen mit mehreren Öffnungen, aus denen Wasser sprudelt.

Garten-Designer Fukaya Koki beschränkt sich bewußt nicht auf die konventionellen Gartenpflanzen des Kyoto-Stils, sondern verwendet eine Vielzahl preiswerter ›Alltagsgewächse‹, die im Raum Tokio vorkommen und früher überwiegend als Brennstoff dienten. Der unprätentiöse Gartenentwurf, den er mit solcherart Pflanzen für das Keio-Plaza-Hotel in West-Tokio geschaffen hat, findet Anklang bei fast allen Besuchern des Gartens.

37. NANKO-PARK
南湖公園

Nanko, Shirakawa-shi, Fukushima 961–0812
〒961–0812 福島県白河市南湖
☎ 02482–2–1111

Wandelgarten
Mittlere Edo-Zeit

GEÖFFNET: durchgehend
EINTRITT: frei
FOTOGRAFIEREN: erlaubt
BESTE BESUCHSZEIT: Frühjahr, wegen der Kirschblüte und der Azaleen

Kirsch- und Ahornbäume sind gepflanzt worden, und Insekten – darunter Grillen und Leuchtkäfer – bewohnen das Gelände und sorgen für die richtige jahreszeitliche Einstimmung. Am Nordosthang am Teich: der Pavillon Kyoraku-tei.

Matsudaira Sadanobu (1758–1829) – ein Feudalherr von so weitblickendem administrativem Geschick, daß in seinem kleinen Lehen Shirakawa während der großen Tenmai-Hungersnot von 1783–1787 kein einziger Mensch sterben mußte – stieg später im Tokugawa-Shogunat zu hoher Macht auf und baute im Bereich Edo eine Reihe Villen mit außergewöhnlich schönen Gärten. Dieser hier, in Shirakawa, ist im Wandelgarten-Stil angelegt und weist einen großen Teich auf, verschwenderisch von Azaleen umgeben. Schon zu Sadanobus Lebzeiten war der Garten für die Allgemeinheit geöffnet, man kann ihn Japans ersten Park nennen.

38. ACHI-SCHREIN
阿知神社

12–1 Honchō, Kurashiki-shi, Okayama 710–0054
〒710–0054 岡山県倉敷市本町12–1
☎ 086–425–4898

Natürliche Steingruppierung
Schrein: Muromachi-Zeit

GEÖFFNET: durchgehend
EINTRITT: frei
FOTOGRAFIEREN: erlaubt

Der Schrein datiert wahrscheinlich aus der Muromachi-Zeit, die Steingruppierung genießt jedoch schon seit uralter Zeit Verehrung. Die Steine bilden keinen Garten im formellen Sinn; sie sind von festlicher Stimmung umgeben, im Gegensatz zur strengeren, ernsteren, kontemplativeren Atmosphäre der zen-buddhistischen Tempelgärten.

Vor 700 Jahren reichte das Meer noch bis zum Fuß des Berges Tsurugata (etwa 200 Meter hoch), wo der Fluß Takahashi mündet. Am Achi-Schrein auf dem Berggipfel findet sich eine Steingruppe, die heute noch als Kultobjekt mit heiligenden Seilen *(shimenawa)* geschmückt ist. Bei den Steinen handelt es sich um natürlich aus der Erde ragende Granitfelsen; sie lassen sich als früher Prototyp für spätere Gartensteinsetzungen betrachten.

39. RAIKYU-JI

頼久寺

18 Raikyū-ji-chō, Takahashi-shi, Okayama 716–0016
〒716–0016 岡山県高梁市頼久寺町18
☎ 0866–22–3516

Trockenlandschaftsgarten
Frühe Edo-Zeit

GEÖFFNET: 9–17 Uhr
EINTRITT: 300 Yen
FOTOGRAFIEREN: erlaubt
BESTE BESUCHSZEIT: Mai, wegen der Azaleen

Die geschnittene Hecke erinnert, wie man glaubt, an einen sich windenden Drachen. Der Garten enthält auch Evokationen des Kranichs und der Schildkröte; auf letzterer ein vertikaler Stein, der ein formales Echo zum Berg Atago bildet, der in der Ferne sichtbar ist.

Hauptattraktion dieses Gartens: massige gestutzte Kameliensträucher zwischen einem Bambushain im Hintergrund und gewellten Reihen beschnittener Azaleenbüsche im Vordergrund. 1501, erst 21 Jahre alt, lebte Kobori Enshu (er war in der Nähe Burgherr geworden) im Raikyu-ji; vielleicht ist er der Schöpfer dieses kühnen Entwurfs.

40. KORAKU-EN

後楽園

1–5 Kōraku-en, Okayama-shi, Okayama 703–8257
〒703–8257 岡山県岡山市後楽園1–5
☎ 086–272–1148

Wandelgarten
Mittlere Edo-Zeit

GEÖFFNET: 8.30-17.45 Uhr (April-September); 9-16.45 Uhr (Oktober-März)
EINTRITT: 350 Yen
FOTOGRAFIEREN: erlaubt
BESTE BESUCHSZEIT: Anfang April, wegen der Kirschblüte

Weite Strecken dieses Gartens sind im Krieg zerstört, später aber wieder aufgebaut worden. Das Gelände um den Teich soll die »Acht Ansichten von Omi« suggerieren, ein Standardmotiv nach chinesischem Vorbild. Siehe auch Garten Nr. 33.

Im Gegensatz zum gleichnamigen Garten in Tokyo, den die Urbanisierung in Mitleidenschaft gezogen hat, spiegelt der Koraku-en in Okayama noch ganz die Grandeur und Pracht eines Feudalherrenhauses. Der 1687 begonnene und in drei Phasen vollendete Garten umfaßt weiträumige Wiesen, Bäche, Brücken, Wasserfälle, Ruhepavillons, Bauten für die Teezeremonie und ein No-Theater. Er soll für Tsuda Nagatada, einen Lehnsmann der Ikeda-Sippe, gebaut worden sein.

41. JOEI-JI

常栄寺

2001 Miyanoshita, Yamaguchi-shi, Yamaguchi 753–0011
〒753–0011 山口県山口市宮野下2001
☎ 0839–22–2272

Stein- und Teichgarten
Murochami-Zeit

GEÖFFNET: 8-17 Uhr
EINTRITT: 300 Yen
FOTOGRAFIEREN: erlaubt
BESTE BESUCHSZEIT: Herbst

Viele Gartenforscher sehen in der Kantigkeit der Steine einen bewußt gesetzten Kontrapunkt zur Rasenfläche, und halten solche Kontrapunktik der Gartenelemente für sehr gelungen und wirkungsvoll. Siehe S. 40, 179.

Der Tempel Joei-ji war einst Villa der Ouchi-Feudalherren. Der Garten wird Sesshu Toyo zugeschrieben, dem berühmten Maler aus dem 15. Jahrhundert. Ein Wasserfall speist den großflächigen Teich, aus dem viele Steine ragen. Im ebenen Teil des Gartens eine Karesansui-Zone mit zahlreichen Steinsetzungen; Azaleen steigern die Kraft der Komposition.

42. RESIDENZ KATSURA
桂邸庭園

Tsukahara, Shimomigita, Hōfu-shi, Yamaguchi 747–0063
〒747–0063 山口県防府市下右田塚原
☎ 0835–23–0583

Trockenlandschaftsgarten
Späte Edo-Zeit

Der Garten ist nicht öffentlich.

Flamboyante Steinsetzungen im Kies-›Meer‹, sehr abstrakt und wirkungsstark.

Dieser Garten entstand im frühen 18. Jahrhundert, gleichzeitig mit der Hauptresidenz, für Katsura Tadahara – einen in Dichtung, Teekunst und Zen-Buddhismus bewanderten Samurai. Katsura hatte die Qualifikation und das Selbstvertrauen, seinen Garten selbst zu entwerfen. Die Steingruppierungen in diesem Karesansui-Garten – berühmt als Stätte zum Betrachten des Mondes – sind kühn und kraftvoll; die Steine sind mit großer Freiheit ausgesucht, vielleicht, weil die Arbeit fern vom restriktiven Kultureinfluß der Hauptstadt erfolgte.

43. RESIDENZ OZAKI
尾崎邸庭園

1518 Uno, Hawai-chō, Tōhaku-gun, Tottori 682–0701
〒682–0701 鳥取県東伯郡羽合町宇野1518
☎ 0858–35–2003

Teichgarten
Mittlere Edo-Zeit

Der Garten ist nicht öffentlich.

Mittelpunkt des Gartens ist der Teich, der den Hauptbau des Hauses umgibt. Besonderer Akzent: die vielen tropischen Pflanzen. Sie stammen von Handelsschiffen, die sie auf Leerfahrt von Süden mitbrachten.

Ozaki Masuzo ist mittlerweile verstorben. Lebhaft erinnere ich mich, daß ich stundenlang im Gespräch mit ihm hier gesessen und hinausgeblickt habe auf die Steinsetzungen in seinem Garten, den Teich mit seinem klaren Wasser, die Bäume am Teichufer (besonders die Rotfichten) und die ›geborgten‹ grünen Berge hinter der Mauer.

44. RESIDENZ ITOHARA
絲原邸庭園

Yokota-chō, Nita-gun, Shimane 699–1812
〒699–1812 島根県仁多郡横田町
☎ 0854–52–2121

Teegarten
Späte Edo-Zeit

Der Garten ist nicht öffentlich.

In dieser Region blühte die Teekultur und hat viele hervorragende Gärten hinterlassen. Die Trittsteine sind hier recht hoch gesetzt, wegen der starken Schneefälle im Winter.

Die Familie Itohara arbeitete an der Gewinnung von Eisen aus Eisensänden, ehe moderne Methoden entwickelt wurden. Heute ist ihre Fabrik verschwunden, Garten und Haus im Tal sind aber erhalten. Im Hintergrund der Berghang, auf dem Gelände selbst ein Wald, ein Wasserfall, Trittsteine, eine Steinlaterne – das Bemerkenswerte an diesem Garten ist die Großartigkeit der Gesamtkonzeption. Als ich zu Besuch kam, hielt eine Gruppe Menschen in einem dem Garten gegenüberliegenden Raum eine Haiku-Gedichtlesung ab. Die Berge in dieser Gegend haben offenbar auch Kultur, nicht nur Eisen hervorgebracht.

45. SENSHU-KAKU AM SCHLOSS-MUSEUM IN TOKUSHIMA 千秋閣庭園

Shironouchi-chō 1-chōme, Tokushima-shi, Tokushima 770–0851
〒770–0851 徳島県徳島市城之内町1丁目
☎ 0886–56–2525

Wandelgarten
Momoyama-Zeit

GEÖFFNET: 9-16.30 Uhr, montags und nach Feiertagen geschlossen
EINTRITT: 50 Yen
FOTOGRAFIEREN: erlaubt

BESTE BESUCHSZEIT: Frühling, Herbst

Seperate Teich-und Trockenlandschaftszonen, zu einem Wandelgarten zusammengefaßt.

Der Garten entstand als Burggarten 1585, als der Hachisuka-Clan die Herrschaft über Tokushima an sich riß. Kühnheit und repräsentative Größe des Entwurfs, die massigen Steine in glücksverheißender Schildkröten- und Kranichanordnung, die über zehn Meter lange Natursteinbrücke, die dynamischen Steinsetzungen am Teichufer, das alles zeugt beredt vom Stolz der Hachikusas auf die Siege, mit denen sie ihre Machtstellung errungen hatten. In den Tempelgärten von Kyoto findet sich nichts von ähnlicher Dynamik. Waren die Gärten der vorangegangenen Zeit vom Geschmack von Priestern und Aristokraten bestimmt, so zeigt sich im Senshu-kaku eine Übergangsphase, in der die Kriegerkaste und ihr Einfluß dominierte.

46. PRÄFEKTURHALLE KAGAWA
香川県庁舎

1–4–10 Banchō, Takamatsu-shi, Kagawa 760–0017
〒760–0017 香川県高松市番町1–4–10
☎ 087–831–1111

Stein- und Teichgarten
Moderne Zeit

GEÖFFNET: durchgehend
EINTRITT: frei
FOTOGRAFIEREN: erlaubt

Garten eines Regierungsgebäudes, bürgernah konzipiert. Er ist zum größten Teil offen und eben, so daß sich Menschengruppen versammeln können. Im Sommer können hier die traditionellen Tänze beim Obon-Fest aufgeführt werden.

Gebrochener Granit örtlicher Herkunft dient als Material für die Steinsetzungen in diesem Garten, der auch einen Teich, Rasenflächen und einen künstlichen Hügel umfaßt. Garten und Halle stammen vom Architekten Tange Kenzo. Die Ästhetik der Steingruppen ist vom Zufall mitbestimmt, da man vorher nie genau weiß, welche Form die Steine beim Brechen annehmen. Im traditionellen japanischen Garten bevorzugte man dagegen Natursteine der Art, wie man sie am Meeresstrand und in Bergflüssen findet.

47. RITSURIN-PARK
栗林園

1–20–16 Ritsurin-chō, Takamatsu-shi, Kagawa 760–0073
〒760–0073 香川県高松市栗林町1–20–16
☎ 087–833–741

Wandelgarten
Mittlere Edo-Zeit

GEÖFFNET: 7-17 Uhr, je nach Monat leichte Abweichungen möglich
EINTRITT: 350 Yen
FOTOGRAFIEREN: erlaubt
BESTE BESUCHSZEIT: April, Oktober

Der Ritsurin-Park mißt 700 000 Quadratmeter und weist ein halbes Dutzend Teiche auf. Den besten Blick hat man über den Nanko-Teich in Richtung Engetsu-Brücke. Aber auch sonst ist der Garten landschaftlich und von der Bepflanzung her überall außerordentlich schön.

Der Ritsurin ist aus einer Villenanlage des Matsudaira-Feudalherren hervorgegangen. Wohlgepflegt: der Kigetsu-Pavillon am Nanko-Teich. Heute ist der ganze Park eine vollwertige öffentliche Erholungsstätte. Die Steingruppierungen sind noch weitgehend im Original-Erscheinungsbild erhalten. Bei den unvermeidlichen Neupflanzungen und Reparaturen hat man peinlich darauf geachtet, den Stil der Jahre um 1670 zu wahren, als der Bau des Gartens begann.

48. JOJU-EN IM SUIZEN-JI
水前寺成趣園

8–1 Suizen-ji Kōen, Kumamoto-shi, Kumamoto 862–0956
〒862–0956 熊本県熊本市水前寺公園8–1
☎ 096–383–0074

Wandelgarten
Frühe Edo-Zeit

GEÖFFNET: 7.30-18 Uhr (März-November), 8.30-17 Uhr (Dezember - Februar)
EINTRITT: 400 Yen
FOTOGRAFIEREN: erlaubt
BESTE BESUCHSZEIT: Mai, Oktober

Eine landschaftsgärtnerische Großleistung: Karesansui-Elemente, vergrößert auf ungewohnte Dimensionen. Früher war noch ›geborgte‹ Landschaft in den Garten einbezogen, doch diese Hintergrundkulisse ist heute nicht mehr sichtbar.

Hauptanziehungspunkte des Gartens – hier stand einst eine Villa für die Hosokawa-Herren von Kumamoto – sind der große Teich mit Kiesgrund und kristallklarem Quellwasser; die gewellt-hügeligen Rasenflächen; eine dem Fuji nachgestaltete künstliche Hügelinsel. Formal orientiert sich die Insel an einem japanischen, inhaltlich jedoch an einem chinesisch-taoistischen Vorbild: den Inseln der Seligen, wo unsterbliche Weise wohnen. Trittsteine im Teich helfen mit, eine noble Atmosphäre zu schaffen, passend zum Garten eines Feudalherren.

49. RESIDENZ HIRAYAMA
平山邸庭園

6163 Kōri, Chiran-chō, Kawanabe-gun, Kagoshima 897–0302
〒897–0302 鹿児島県川辺郡知覧町郡6163
☎ 0993–83–2035

Heckengarten
Mittlere Edo-Zeit

Die Stadt Chiran in diesem Teil von Kyushu gehörte einst zur Satsuma-Domäne unter der Herrschaft der Familie Shimazu. Diese Residenz, die folgende Residenz Mori und mehrere weitere Residenzen haben bedeutenden Satsuma-Samurais gehört und sind erhalten geblieben; sie liegen beiderseits einer breiten Straße. Bemerkenswert die Gartensteine in der Residenz Hirayama: Es handelt sich lediglich um steinerne Sockel zum Aufstellen von Topfpflanzen.

GEÖFFNET: keine festen Zeiten
EINTRITT: 310 Yen
FOTOGRAFIEREN: erlaubt
BESTE BESUCHSZEIT: Mai, wegen der Azaleen

Der Garten entstand im späten 18. Jahrhundert, als das umliegende Gebiet von Samurais besiedelt wurde, die sich in den Dörfern niederließen und Landwirtschaft trieben: Herausragendes Element dieses Gartens: eine große Zone mit beschnittenen Azaleen. Früher standen Garten und Haus, wenn die Blumen blühten, der Allgemeinheit offen; ein Schild »Kommen Sie herein und sehen Sie sich um« wurde aufgehängt, wenn die Hirayama-Familie abwesend war.

50. RESIDENZ MORI
森邸庭園

6354 Kōri, Chiran-chō, Kawanabe-gun, Kagoshima 897–0302
〒897–0302 鹿児島県川辺郡知覧町郡6354
☎ 0993–83–3185

Teichgarten
Mittlere Edo-Zeit

GEÖFFNET: 9-17 Uhr
EINTRITT: 310 Yen
FOTOGRAFIEREN: erlaubt
BESTE BESUCHSZEIT: Frühling, Herbst

Der Garten weist eine zweistufige Hecke auf. Im Vordergrund Schwarzkiefer, zu dekorativen Formen gestutzt; im Hintergrund eine Riesenazalee, einen Gebirgszug darstellend. Dieser Garten ist großartiger als die anderen aufgrund seiner bevorzugten Lage am Hauptschloß.

Die meisten anderen Häuser dieser Gegend haben Gärten, die hauptsächlich aus Pflanzungen, ein paar Steinsetzungen, Laternen und Bäumen bestehen. Einen Gartenteich besitzt nur die Mori-Residenz: Er wird von Bergwasser gespeist, das so sauber ist, daß man es trinken kann. Hier wurde – wie in der Residenz Hirayama – bei Abwesenheit der Familie ein Schild herausgehängt, das Passanten einlud, den Garten zu besichtigen. Argwohn hegte damals in dieser Gegend niemand.

BIBLIOGRAPHIE

Bring, Mitchell/Wayembergh, Josse *Japanese Gardens: Design and Meaning.* New York, 1981

Conder, Josiah *Landscape Gardening of Japan.* Nachdruck. New York, 1963

Covell, Dr. Jon/Yamada, Abbot Sobin *Zen at Daitoku-ji.* Tokyo/New York, 1974

Davidson, A. K. *The Art of Zen Gardens.* Los Angeles, 1983

Engel, David *Japanese Gardens for Today.* Tokyo/Rutland, 1959

Engel, Heinrich *The Japanese House: A Tradition for Contemporary Architecture.* Tokyo/Rutland, 1964

Fujioka, Michio *Japanese Residences and Gardens: A Tradition of Integration.* Fotos von Kazunori Tsunenari. Tokyo/New York, 1982

– Kyoto Country Retreats: The Shugakuin and Katsura Palaces. Fotos von Shigeo Okamoto. Tokyo/New York, 1983

Futagawa, Yukio/Itoh, Teiji *Traditional Japanese Houses.* New York, 1983; deutsch: *Alte Häuser in Japan.* Übers. v. Dieter Kuhn. Stuttgart, 1984

Hayakawa, Masao *The Garden Art of Japan.* New York/Tokyo, 1973

Hennig, Karl *Japanische Gartenkunst.* Köln, 1980

Holborn, Mark *The Ocean in the Sand – Japan: From Landscape to Garden.* Boulder, 1978

Hoover, Thomas *Zen Culture.* London, 1977; deutsch: *Die Kultur des Zen: Malerei und Dichtung, Theater, Architektur und Gärten, Sport, Ikebana, Keramik und Kochkunst.* Übers. v. Frank Meyer. Düsseldorf/Köln, 1978

Hrdlička, Zdeněk/Hrdličkova, Věnceslava *Japanische Gartenkunst.* Hanau o. J.

Ishimoto, Yasuhiro *Katsura: Tradition and Creation in Japanese Architecture.* Texte von Walter Gropius und Kenzo Tange. New Haven, 1960, Nachdruck 1972

Itoh, Teiji *The Elegant Japanese House: Traditional Sukiya Architecture.* New York/Tokyo, 1969

– *The Japanese Garden: An Approach to Nature.* Fotos von Takeji Iwamiya. New Haven, 1972

– *Space and Illusion in the Japanese Garden.* Fotos von Sosei Kuzunishi. New York/Tokyo, 1973

– *Imperial Gardens of Japan.* Fotos von Takeji Iwamiya. New York/Tokyo, 1970, 2. Aufl. 1978

Itoh, Teiji u. a. (Hrsg.) *Katsura.* Tokyo, 1983

Itoh, Teiji/Futagawa, Yukio *Traditional Japanese Houses* s. Futagawa

Kuck, Loraine *The World of the Japanese Garden,* aus: *Chinese Origins to Modern Landscape Art.* Fotos von Takeji Iwamiya. New York/Tokyo, 1968 (2. Aufl.)

Naito, Akira *Katsura: A Princely Retreat.* Fotos von Takeshi Nishikawa. Tokyo/New York, 1977; deutsch: *Katsura: Ein Ort der Besinnung.* Übers. v. Irmtraud Schaarschmidt-Richter. Stuttgart, 1978.

Nakane, Kinsaku *Kyoto Gardens.* Osaka, 1967

Mikes George *The Land of the Rising Yen.* New York, 1973

Okakura, Kakuzo *The Book of Tea.* Reprint. Tokyo/Rutland, 1963; deutsch: *Das Buch vom Tee.* Übers. v. Horst Hamitzsch. Frankfurt, 1966

Paine, Robert T./Soper, Alexander C. *The Art and Architecture of Japan,* New York, 1981 (3. Aufl.)

Rossbach, Sarah *Feng Shui: The Chinese Art of Placement.* New York, 1983

Schmidt, Walter *Die Kunst des japanischen Bonsai.* Stuttgart, 1980

Schwalbe, Hans *Japan.* München, 1979

Seike, Kiyoshi/Masanobu, Kudo/Engel, David H. *A Japanese Touch for Your Garden.* Tokyo/New York, 1980; deutsch: *Japanische Gärten und Gartenteile.* Übers. v. Walter Schmidt. Stuttgart, 1983

Shigemori, Kanto *Japanese Gardens: Islands of Serenity.* Tokyo, 1971

– *The Japanese Courtyard Garden: Landscapes for Small Spaces.* Fotos von Katsuhiko Mizuno. New York/Tokyo, 1981

Suzuki, D. T. *Introduction to Zen Buddhism.* New York, 1964; deutsch: *Die große Befreiung. Einführung in den Zen-Buddhismus.* Übers. v. Felix Schottländer. Stuttgart, 1969

Tachibana, Toshitsuna *Sakuteiki: The Book of the Garden.* Tokyo, 1976

Tanaka, Sen'o *The Tea Ceremony.* Tokyo/New York, 1973

Tange, Kenzo *Ise: Prototype of Japanese Architecture.* Boston, 1962

Treib, Marc/Herman, Ron *A Guide to the Gardens of Kyoto.* Tokyo, 1980

REGISTER

Die Hauptverweise sind kursiv gesetzt, die Seitenzahlen der im Anhang ausführlich besprochenen Gärten sind fett gedruckt.

GÄRTEN, ORTE, SACHBEGRIFFE

GARTENSCHÖPFER, KÜNSTLER, TEEMEISTER

BILDNACHWEIS UND DANKSAGUNGEN

FOTOGRAFIEN
Hata Ryo 38, 101, 148 (rechts), 150 (rechts)
Inoue Hiromichi 5 (unten), 18–19, 50–51, 53, 54–55, 58, 59, 90, 93, 94, 95, 96–97, 100, 102, 107, 108, 109, 110, 113, 115, 118–119, 127, 128–129, 131, 132, 133, 139, 140, 149 (links), 175 (oben), 182 (oben), 204, 208 (oben), 211 (unten), 212 (unten), 214 (oben), 215 (unten), 216 (unten), 221 (unten)
Irie Taikichi 4 (unten), 10–11, 15, 25, 33 (oben), 64–65, 73 (unten), 77 (unten), 79 (oben), 173, 183 (oben), 202–203, 209 (unten), 210 (oben), 213 (unten)
Ishimoto Yasuhiro 16–17, 35, 36 (links), 41, 42–43, 44–45, 46–47, 48, 49, 56–57, 62–63, 71 (rechts), 98–99, 114, 175 (unten), 193, 194–195, 196, 209 (oben), 211 (Mitte), 212 (Mitte), 214 (Mitte), 221 (oben)
Kinomoto Giichi 9, 68, 189 (rechts), 197, 210 (Mitte, unten), 214 (unten), 220 (unten)
Kobayashi Kenji 116–117
Maki Naomi 66–67, 86 (rechts), 87, 120–121, 122, 123, 124, 138 (links), 158, 159 (oben), 181 (links), 218 (oben), 219 (oben), 222, 224 (Mitte, unten)
Matsumura Yoshiharu 60–61, 69 (mit frdl. Erlaubnis der Zeitschrift *Wafu kenchiku*), 215 (Mitte), 218 (Mitte)
Motoki Seiichi 149 (rechts)
Murai Osamu 153, 166 (links), 220 (oben)
Nishikawa Takeshi 22–23, 85
Nobuhara Osamu 8, 24, 70, 125, 154–155, 156, 157, 159 (unten), 160, 161 (unten), 162–163, 164, 165, 180 (oben), 190
Noguchi Michio 161 (oben)
Ohashi Haruzo 126, 130, 168, 212 (oben), 213 (Mitte), 217, 219 (Mitte), 220 (Mitte)
Ohashi Tomio 167
Okamoto Shigeo 4 (oben), 12–13, 14, 52, 89, 184 (unten), 186 (oben links), 198–199, 200–201, 206 (oben), 207 (oben, Mitte), 216 (oben), 218 (unten), 219 (unten), 221 (Mitte), 223, 224 (oben)
Takase Yoshio 166 (rechts)
Tsunenari Kazunori 20–21
Watanabe Yoshio 2
Yano Tatehiko 83

ZEICHNUNGEN UND GRAPHIKEN
Ishigura Sachiko 141, 143, 144, 145
Kojima Michio 75, 79, 103, 104 (nach *Nishizawa Fumitaka shoron-shu* von Nishizawa Fumitaka, Band 3, veröffentlicht 1976 von Sagami Shobo), 135 (oben)
Otake Rika 105 (nach *Sakutei-ki hisho* von Hisatsune Shuju, veröffentlicht 1979 von Seibundo Shinkosha), 135, 142, 147
Suzuki Yoshito 27, 176, 180, 181, 182, 183, 186

Dieses Buch hätte nicht entstehen können ohne die Mitarbeit vieler Fotografen, Künstler und Institutionen. Dank sei – neben oben genannten – vor allem folgenden Persönlichkeiten ausgesprochen:

Fukutake Yuji und dem Dai-ichi Shuppan Center für Mitarbeit am Bildteil und an Einführungen;
Hisatsune Hiroko für Erklärung des Saiho-ji-Wandschirmbildes auf Seite 101 und Sotoke Takao für die Erlaubnis, das Bild abzudrucken;
Kitagaki Soichiro für Auskunft über das *Chikujo-zu byobu* auf Seite 177;
Nishizawa Funitaka für Hilfe bei der Anfertigung der Karte des Saiho-ji auf Seite 104;
Sasaki Yasuo für wertvolles Material und für freundlichen gärtnerisch-gartentechnischen Rat;
Seibundo Shinkosha für Informationen;
Yoshijima Tadao, dem Besitzer des Hauses in Takayama auf Seite 38;
Abt Yamada Sobin für großzügige Fotografiererlaubnis im Shinju-an.

Für ihr Entgegenkommen bei der Überlassung von Informationen, Bildern und Objekten aus ihren Sammlungen danken Autor und Verlag ferner folgenden Tempeln, Schreinen und Institutionen:

Dai Nippon Chado Gakkai (Japanische Gesellschaft für Teezeremonie) für die Bilder auf S. 85 u. 149 (rechts);
Furumine-Schrein f.d. Bilder auf S. 8, 24, 148 (rechts), 150 (rechts) und 190;
Horyu-ji für die Yume tagae Kannon auf S. 75;
Kaiserliches Hofamt für die *Manyoshu*-Anthologie (Ausschnitt), S.72, und die Rollbild *Kasuga-gongen kenki emaki*, S. 178, (Sannomaru Shozokan)
Kitano-Schrein für das Rollbild *Kitano tenjin engi*, Seite 186–187;
Kuboso-Memorial-Kunstmuseum für das Rollbild *Komakurabe gyoko emaki*, Seite 37;
Nationale Parlamentsbibliothek für die Karte *Shugakuin kami shimo ochaya ezu*, Seite 88;
Nationalmuseum für japanische Geschichte für das Wandschirmbild *Daigo hanami-zu byobu*, Seite 174;
Nationalmuseum Tokyo für das Bild von Ashikaga Yoshimasa, Seite 82; das Gemälde von Sesshu, Seite 179 und das Bild *Takao kanpu-zu*, Seite 185;
Shinju-an im Daitoku-ji für das Porträt *Ikkyu Sojun zo*, Seite 134, und die Kalligraphie auf Seite 136 und 137;
Shoko-ji für das Seikai-Mandala, Seite 29;
Shoso-in für die Todai-ji-Vase, Seite 71;
Städtisches Museum Nagoya für das Wandschirmbild *Chikujo-zu byobu*, Seite 177;
Teeschule Mushanokojisenke für das Bild auf Seite 128–29;
Teeschule Omotesenke für das Bild von Sen no Rikyu, Seite 84, und die Bilder auf Seite 127 und 130;
Teeschule Urasenke für die Bilder auf Seite 86 (links), 126, 132, 149 (links) und 150 (links) sowie das Bild *Cha-no-yu nichinichi-gusa*, Seite 148;
Tokugawa-Reimei-kai-Stiftung für das Rollbild *Genji monogatari emaki*, Seite 188;
Zenrin-ji für das Taima-Mandala, Seite 78.

Die Gartenbilder aus der Edo-Zeit auf Seite 74, 81, 103, 146, 171, 184, 189 stammen aus dem *Miyako rinsen meisho zue*, einem illustrierten Reisebuch durch berühmte Kyotoer Gärten, erschienen 1799; das Bild auf Seite 169 und die Gartenzaunzeichnungen auf Seite 169 aus dem *Ishigumi enjo yaegaki-den*, erschienen 1827; die Bilder auf Seite 39, 91, 111 und 191 aus dem *Tsukiyama teizo-den*, einem illustrierten Handbuch der Gärtnerei, erschienen 1735. Das Bild auf Seite 151 wurde von der Design-Abteilung von Iwaki Zoen angefertigt. Der Plan der Residenz Hayashiya auf Seite 6 stammt aus *Nihon no Teien*, Band 4, erschienen bei Kodansha 1980. Der Plan des Ryoan-ji auf Seite 172 basiert auf Messungen von Shigemori Mirei (1938). Die Fotos auf Seite 73 (oben) und 76 wurden freundlicherweise vom Asahi Shinbun Photo Service zur Verfügung gestellt.